农产品加工与经营知识普及丛书

果品的商品化处理与配送

GUOPIN DE SHANGPINHUA CHULI YU PEISONG

■ 科技部中国农村技术开发中心 组织编写

张 燕 主编 胡熳华 主审

中国劳动社会保障出版社

图书在版编目(CIP)数据

果品的商品化处理与配送/张燕主编. —北京：中国劳动社会保障出版社，2012

农产品加工与经营知识普及丛书

ISBN 978-7-5045-9611-6

Ⅰ.①果… Ⅱ.①张… Ⅲ.①水果加工②水果-物资配送 Ⅳ.①TS255.3②F252.8

中国版本图书馆CIP数据核字(2012)第046254号

中国劳动社会保障出版社出版发行

(北京市惠新东街1号 邮政编码：100029)

出 版 人：张梦欣

*

中国铁道出版社印刷厂印刷装订 新华书店经销

880毫米×1230毫米 32开本 6.25印张 125千字

2012年3月第1版 2016年10月第8次印刷

定价：18.00元

读者服务部电话：(010) 64929211/64921644/84626437

营销部电话：(010) 64961894

出版社网址：http://www.class.com.cn

农产品加工与经营知识普及丛书

编委会

本书编写人员

主　编　张　燕

副主编　张　辉　白卫滨　孙建霞

参　编　王蓉蓉　徐　茜　姜　斌　丁国微　董　鹏
龚武霞　王婷婷

主　审　胡熳华

内容简介

我国果品资源丰富，种植面积和产量约占世界水果总种植面积和总产量的20%，而我国果品的商品化处理程度却相对落后，一方面无法满足消费者对食品感官品质、包装品质、安全品质、营养品质等的要求，另一方面也限制了提供食品原料的农户增产增收，阻碍了我国农业经济的快速发展。本书结合我国果品生产过程中的实际问题，有针对性地介绍了我国果品生产的概况和存在的问题，以及果品加工、储藏、运输、配送等商品化处理技术和方法，内容涉及广泛，包括我国果品生产概况、常见果品储藏保鲜技术、果品加工实用技术和果品配送。

本书偏重基础知识和技术应用的普及，内容实用，适合广大农民、农业科技人员、小型果品加工企业和果品配送企业员工、农村经纪人阅读，也可供大中专院校农业类专业学生作为参考用书。

前　言

党的“十七大”明确指出，解决好农业、农村、农民问题，事关全面建设小康社会的大局，必须始终作为全党工作的重中之重。当前，我国农业正处于从数量型向数量与质量效益型并重转变的新阶段，发展有中国特色的现代农业、建设社会主义新农村成为当前农业农村工作的重要任务，而加强农村人才队伍建设，把农业发展方式转到依靠科技进步和提高劳动者素质上来是根本，培养一批能够促进农村经济发展、引领农民思想变革、带领群众建设美好家园的农业科技人员是保证，培育一批有文化、懂技术、会经营的新型农民是关键。

为更好地在农村普及科技文化知识，树立先进思想理念，倡导绿色健康生产生活方式，中国农村技术开发中心组织相关领域的专家，从农业生产安全、农产品加工与运输安全、农村生活安全等热点话题入手，编写了“新农村热点话题科普常识系列丛书”，首批推出的7本图书中，《农业生产安全基本知识》《农机具安全使用知识》《农药安全使用知识》《农村气象灾害与防御知识》《农村生活安全基本知识》《农产品加工与运输安全知识》入选2010—2011年和2012年《农家书屋重点出版物推荐目录》，取得了良好的社会效益。此次又新推出了“新农村建设村务管理工作指导丛书”“农产品加工与经营知识普及丛书”“设施农业实用技术知识普及丛书”三个系列的15种图书。

丛书采用讲座和讨论等形式，通俗易懂、图文并茂、深入浅出地介绍了大量普及性、实用性的农村实用知识和技能。希望这些丛书能够为广大农民朋友、农业科技人员、农村经纪人和农村基层干部提供良好的学习材料，增加科技知识，强化科技意识和环保意识，为安全生产、健康生活起到技术指导和咨询作用。

丛书在编写过程中得到了中国农业机械化科学研究院、中国包装和食品机械总公司、中国农业科学院环境与可持续发展研究所、中国农业大学食品科学与营养工程学院、河北农业大学、中国海洋大学、浙江农林大学等科研院校众多专家的大力支持。参与编写的专家倾注了大量的心血，付出了辛勤的劳动，将多年丰富的实践经验奉献给读者。主审专家投入了大量的时间和精力，提出了许多建设性的意见和建议，特此表示衷心感谢。

由于编者水平有限，时间仓促，书中恐有不妥之处，衷心希望广大读者批评指正。

编委会

二〇一二年一月

目　录

第一讲　我国果品生产概况

话题 1　丰富的果品资源

导读　我国幅员辽阔，生态资源及种植资源十分丰富。近年来，我国主要水果产量有了大幅提高，并位居世界前列。1999 年我国的水果产量为 0.62 亿吨，2009 年增长到 1.22 亿吨。我国水果产量较大的品种有苹果、柑橘、梨、桃、香蕉等。2008 年我国水果产量排在前十名的省（自治区）依次是山东、陕西、河北、广东、河南、广西、福建、四川、新疆、辽宁。

我国苹果的生产形势

苹果是我国产量最多的水果，占我国全部果品产量的 29.99% 左右，且其产量还在呈现逐年增长的趋势。1994 年，我国的苹果产量达 1 112 万吨，首次位居世界苹果产量第一，2011 年超过 3 500 万吨。山东和陕西是我国两大最主要的苹果产区，辽宁、河北和山西等省份也有较大的栽培面积。

我国苹果产量增长形势及与世界产量对比关系如图 1—1 所示。

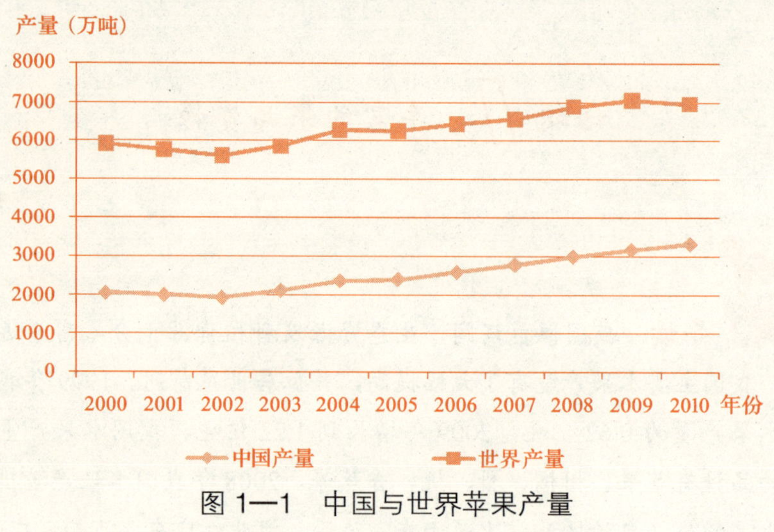

图 1—1　中国与世界苹果产量

（数据来源于 FAO 统计数据库）

我国柑橘的生产形势

我国柑橘的生产形势波动不大，总体上呈稳步上升的发展趋势。1992 年为 569 万吨，2003 年达 1 345 万吨，2009 年为 2 521 万吨，平均每年增长 19.06%。柑橘的主要品种有宽皮柑橘、甜橙、柚、柠檬和金橘等，其中宽皮柑橘的种植面积和产量分别占柑橘类水果总面积和总产量的 52% 和 55%，橙类占 29% 和 30%，柚类占 11% 和

10%。由于加工消化能力和品种结构的制约，宽皮柑橘的产量已严重过剩，生产比例有所下降；而甜橙的比重逐步增加，其中脐橙是主栽品种，也是发展最快的甜橙类型，占柑橘总面积的 10% 左右。芦柑是近几年发展较快的橘类品种，主栽区为湖南、广东和浙江等省，发展空间已接近饱和。目前，我国柑橘生产正在进行区域性优化布局和品种结构调整，柑橘生产进一步向优势产区集中。图 1—2 反映了我国近 10 年间柑橘产量的变化情况。

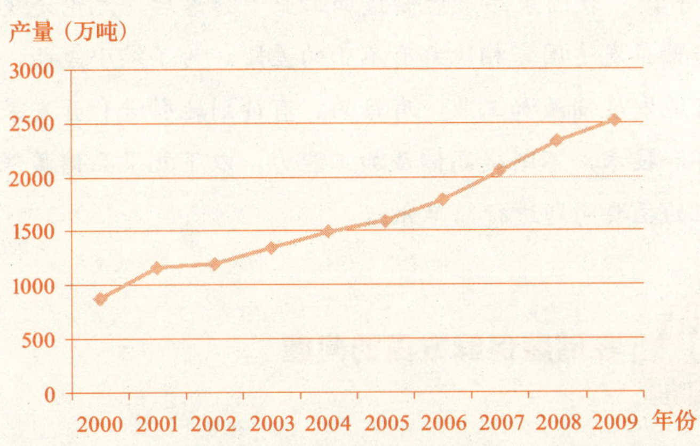

图 1—2　2000—2009 年中国柑橘产量变化图

（数据来源于中国统计年鉴 2010）

我国有近 9 亿农民，如果不能很好地解决农民的收入问题，将不可能实现现代化。水果作为经济价值较高的农产品，在当下日益受到重视，种植水果也成为提高农民收入的主要途径。目前，水果生产在农业经济发展中的地位已非常重要，成为很多地区农村经济的支柱性产业。

话题 2 果品采后储藏加工中存在的主要问题

导读 我国果品采后储藏加工业十分落后，无论是规模还是技术，与世界发达国家相比都有不小的差距。为了缩小差距，我国应因地制宜地发展储藏加工业，有目的、有计划地引进和开发果品储藏加工设备和技术，不断提高储藏加工能力。以下就果品储藏保鲜和加工中存在的主要问题进行简单介绍。

在储藏保鲜方面的问题

我国水果的采后损失率为 20% ~ 30%，而美国只有 1.7% ~ 2.5%。我国水果采后的商业储藏率仅占总产量的 10%，其中采用西方发达国家已经广泛使用的气调储藏方式的甚至不足 1%。而在发达国家，果品采后的商品化处理则极为普遍。以意大利为例，90% 的水果要经过储藏及商品化处理，80% 的储藏库为全自动气调库，从而做到了水果全年均衡供应。

旺季卖得贱……
淡季又没得卖，哎，咋办呢……

在水果加工方面的问题

在水果加工方面我们也面临很多问题。我国的水果采后多数以原料鲜销为主，从而造成价格低下，旺季腐烂严重，淡季又缺乏供应。虽然水果生产数量巨大，但缺乏适宜加工的品种，水果加工的技术装备相对落后，专业人员缺乏，加工量不足总产量的15%，加工种类单一，品质有待提高。而欧美国家水果加工产品种类繁多，品质高，并形成了巨大的产业。

以上种种问题，与我国作为世界第一水果生产大国的地位极不相符，原因主要在于我们在水果加工技术与装备方面相对落后，与国外差距较大。对此，我们应该尽快解决水果储藏、加工等方面存在的问题，提高水果品质，实现果品的高附加值。

话题 3 果品增值的方法

导读 针对我国果品储藏加工现状，在储藏方面，应重点研究各地名、特、新、优果品的储藏保鲜技术，延长储藏期；在加工方面，应根据国内外市场的需求和消费者喜好，增加加工品的品种，促使果品加工向深加工、精加工和综合利用的方向发展，积极研制开发高附加值的水果制品，提高果品的附加值。

维持水果最低生命活动的保存方法

维持水果最低生命活动的保存方法主要用于水果的保鲜，采取各种措施以维持水果最低限度的生命活动，保持其天然免疫性，抵御微生物入侵，延长储藏寿命。新鲜果蔬是有生命活动的有机体，采后仍进行着生命活动，为此必须创造适宜的冷藏条件，使其衰老过程降低到最缓慢的程度。同时，在储藏过程中要防止水果在不适宜的低温下出现冷害、冻害等。温度是影响水果储藏质量最重要的因素，湿度是保持水果新鲜度的基本条件，适当的氧气和二氧化碳等气体成分是提高储藏质量的有力保障。

抑制微生物活动的保藏方法

抑制微生物的活动是一种暂时性的保藏措施，主要原理是利用某些物理、化学因素抑制食品中微生物和酶的活动。属于这类保藏方法的有冷冻保藏（如速冻果品）、高渗透压保藏（如腌制品、糖制品和干制品）等。冷冻保藏是利用人工制冷技术降低果品的温度，使其达到长期保存而且较好地保持水果原有新鲜状态和营养的保存方法。水果干制是通过减少水果中所含的大量游离水和部分胶体结合水，使其干制品可溶性固形物含量降低到微生物不能利用的程度的一种水果加工方法。干制品水分含量一般为 5% ~ 10%。糖制和腌制是利用一定浓度的食糖或食盐溶液来提高制品渗透压，抑制微生物活动的加工保藏方法。

利用发酵原理的保藏方法

利用发酵原理的保藏方法称为发酵保藏法和生化保藏法，主要原理是利用某些有益微生物的活动产生和积累的代谢产物抑制其他有害微生物的活动。例如，乳酸发酵、酒精发酵、醋酸发酵时，发酵产物乳酸、酒精、醋酸对微生物的抑制作用十分显著。

利用无菌原理的保藏方法

无菌保藏法是通过热处理、微波、辐射、过滤等工艺手段使食品中腐败菌的数量减少到食品长期保藏所允许的最低限度，全部杀灭致病菌，并通过抽空、密封等处理防止再污染，从而使食品得到长期保存的一种保藏方法。水果罐头就是利用无菌保藏的原理制成的。应用最广泛的杀菌方法是热杀菌，主要有70 ~ 80℃的巴氏杀菌法和100℃或100℃以上的高温杀菌法两种。冷杀菌法是不需采取高温的杀菌方法，如超高压杀菌、紫外线杀菌、超声波杀菌、辐照杀菌等。

利用防腐剂的保藏方法

防腐剂主要用于对鲜水果进行表面处理，其残留量必须符合《食品安全国家标准　食品添加剂使用标准》（GB 2760—2011）的规定。常见的防腐剂种类包括：

● **仲丁胺**　仲丁胺及其衍生物只在果品储藏期作防腐剂使用，有很好的抑菌、杀菌作用，但对酵母、细菌效果不佳。仲丁胺对果品防腐的有效浓度为0.25%。仲丁胺及其易分解的盐（如碳酸盐、碳酸氢盐）熏蒸性好，即使在低温（0℃）和低浓度（1%以下）下也具有足够的蒸气压而起到熏蒸作用。而仲丁胺的另一些盐类在干燥条件下是稳定的，当有水和酸存在时，就释放出仲丁胺。这两个条件果品都具备，所以这样的熏蒸剂非常方便使用。它们在熏蒸的控制释放方面具有重要意义。仲丁胺及其衍生物可与多种杀菌剂、抗氧剂、乙烯吸收剂等配合使用，起到互补和增效的作用。仲丁胺可制成乳剂、油剂、烟剂、蜡剂、固体熏蒸剂等各种剂型，也可加到塑料膜、包裹纸、包装箱中做成防腐包装。

● **桂醛**　桂醛又称肉桂醛、RQA、苯丙烯醛。纯品为无色至淡黄色的油状液体，具有强烈的肉桂臭，有甜味。几乎不溶于水（1克/700升），但能溶于乙醇、乙醚、油脂等溶剂。有抑菌作用，在0.025%浓度时，对黄曲霉、黑曲霉、橘青霉、白地霉等霉菌及酵母等均有强烈的抑制效果。桂醛作为防腐剂主要用于苹果、柑橘等水果储藏期间的防腐，可制成乳液浸果，也可涂在包裹纸上，利用桂醛的熏蒸性而发挥防腐保鲜的作用。

● **2,4－二氯苯氧乙酸** 又称为2,4－D或2,4－滴。纯品无臭，不吸湿，工业品含量约为95.9%，是略带酚味的白色固体。易溶于乙醇、丙酮、苯等有机溶剂，水中的溶解度为540毫克/升（20℃）。水溶液稳定，紫外线照射会引起部分分解。具有较强的酸性，对金属有腐蚀作用。可与碱成盐，其钠盐、铵盐均易溶于水。在硫酸催化下可与醇作用成酯，酯剂不溶于水。2,4－二氯苯氧乙酸主要用于柑橘等水果的储藏保鲜（按照《食品添加剂使用标准》规定，使用限量为0.01克/千克，残留量不超过2毫克/千克），对防治橘的蒂腐病和保持果蒂绿色有特效。

● **含硫物质** 包括硫黄、二氧化硫(SO_2)、亚硫酸盐等化学物质。硫黄在熏制时会被氧化成二氧化硫，而亚硫酸盐类（如焦亚硫酸钾、焦亚硫酸钠、亚硫酸氢钠、亚硫酸钠）则会发生分解产生二氧化硫，这些物质都是通过二氧化硫来起作用，从而达到使果品防腐的目的。硫处理防腐作用的机理在于二氧化硫溶于水后形成亚硫酸等分子，当亚硫酸等分子进入微生物细胞内，便能改变微生物原生质的pH值，造成原生质与核酸分解而使微生物致死。此外，亚硫酸还具有还原性，可阻碍微生物正常的生理氧化过程，从而抑制微生物的繁殖。硫黄仅用于熏蒸。硫黄燃烧产生的二氧化硫既可以破坏果品表面的细胞，促进果品干燥，又可因二氧化硫的还原作用，破坏果品组织酶的氧化系统，阻止果品氧化。熏硫室中二氧化硫的浓度一般为 1% ~ 2%，有时可高达 3%，具体情况视果品品种、成熟度、熏房大小及硫薰时间不同而定。一般熏硫时间为 30 ~ 60 分钟，最长可达 1 小时。我国的《食品添加剂使用标准》规定，以二氧化硫残留量计，经表面处理的鲜水果中含硫物质的最大使用量为 0.05 克 / 千克。

专家建议

食品添加剂一定要按规定添加，注意防腐剂的使用范围、使用量，不能滥用、过量使用。

第二讲　常见果品储藏保鲜技术

话题 1　果品采后的商品化处理

导读　果品商品化处理是将从植物上采下的果实运到包装房（厂），经过选果、清洗、杀菌、涂蜡、干燥、分级、贴标、包装等一系列程序，使果实整洁美观，达到标准化、规格化、商品化，是水果从生产者到消费者之间不可缺少的重要环节。经过商品化处理的水果应包装成件，便于储运、销售及管理。

常见的果品商品化处理技术包括果品采收后的挑选、修整加工、分级、清洗、预冷、愈伤、药物处理、吹干打蜡、催熟、包装等技术，可以达到减少果品采后损失，最大限度地保持果品的营养、新鲜程度和食用安全性，美化果品，延缓其新陈代谢和延长采后寿命的目的。对于不同的果品，应根据其特点和上市目的，选择性地使用商品化处理技术。不同果品采用商品化处理技术的先后顺序不同，如有些果品先预冷后包装，而有些则应先包装再预冷。有些环节还可以结合在一起进行，如清洗、药物处理和预冷（水冷却）可以同时进行，也就是说将果品放在加入适当药物的冷水中，果品既降低了温度又被清洗干净，在以后的储藏、运输和销售中也可以减少和防止微生物侵袭和生理病害。

挑选

挑选是水果采后处理的第一个环节，目的是剔除有机械损伤、病虫危害、着色度不够、外观畸形等不符合商品化要求的果品，以利于下一步的分级、包装和储运。

清洗

清洗是果品商品化处理中的重要环节，是采用浸泡、冲洗、喷淋等方式水洗或用干（湿）毛巾、毛刷等清除果品表面污物，减少病菌和农药残留，使之清洁、卫生，符合商品化要求和卫生标准，提高商品价值的果品加工技术。洗涤水要干净卫生，还可加入适量杀菌剂，如次氯酸钙、漂白粉等。水洗后要及时进行干燥处理，除去果品表面水分，以免引起腐烂。对于采用果实套袋方法生产的果品，由于其果面洁净，可以免去洗果环节。

打蜡（涂膜）

打蜡是在果品表面涂上一层薄而均匀的透明薄膜，也称涂膜。涂膜（打蜡）多用于处理苹果、柑橘、油桃、李子等。经涂膜处理不仅可抑制水果的呼吸，减少水分蒸发和营养物质消耗，还可抑制病原菌侵染，减少腐烂;另外，还可以增进果品表面光泽，使外皮洁净、美观、漂亮，提高商品价值。打蜡一般在洗果后进行，主要方法有人工涂蜡和机械涂蜡两种。无论采用哪种方法，都应使果面均匀着蜡。大量处理时，用机械喷涂效率高、效果好。

分级

分级的目的是要使果品成为标准化的商品。分级的方法主要有人工分级法和机械分级法两种。分级时，果实大小通常用分级板确定，而果形、色泽、果面洁净度等指标只能靠目测和经验来判断。

预储愈伤

● 散发田间热，降低品温。

● 愈合伤口，在适宜的条件下机械损伤能自然愈合，增强组织的抗病性，这是生物适应环境条件的一种特殊功能。适当散发部分表面水分，使表皮软化，可增强对机械损伤的抵抗力。

保鲜防腐处理

可采用以下方法：

● **用仲丁胺制剂、山梨酸等。**

● **乙烯脱除剂**　活性炭、氧化铝、硅藻土、活性白土等多孔结构的物质。

● **气体调节剂**　主要用于调节小环境中的氧气（O_2）和二氧化碳（CO_2）的浓度，达到气调储藏效果，使果品的品质变化降至最小。气体调节剂主要有脱氧剂、二氧化碳脱除剂、二氧化碳发生剂。

催熟与脱涩

● **催熟** 乙烯、丙烯燃烧等都有催熟作用。

● **脱涩** 温水脱涩、石灰水脱涩、酒精脱涩、高二氧化碳脱涩等。

包装

良好的包装可减少果品间的摩擦、碰撞和挤压造成的机械损伤，减少病虫害的蔓延和水分蒸发，可以保证果品安全运输和储藏，使水果在流通中保持良好的稳定性。

包装容器的选择应根据水果的特点和要求以及用途而定，如运输包装、储藏包装、销售包装等应分别进行设计。包装除了应具有保护性、通透性和防潮性等特点外，还应做到清洁、无污染、无有害化学物质、内壁光滑、卫生、美观、重量轻、成本低、便于取材、易于回收及处理等，并在包装外面注明商标等内容。

专家建议

果品商品化处理很重要，可以保证果品安全运输，有效延长储藏期，提高商品价值。因此，要尽可能创造条件，实现果品的商品化处理。

话题2 苹果储藏保鲜的实用技术

导读 苹果树（见图2—1）是我国栽培的主要果树之一，尤其是北方各省区，栽培较多。苹果产量很大，也耐储藏，在秋、冬、春季节可陆续上市，在保证国内市场需要和对外贸易方面具有十分重要的意义。我国的苹果储藏常常利用自然温度在通风储藏库内对苹果进行常温储藏，也可采用机械冷藏库进行低温储藏或低温结合气调储藏。本话题主要介绍苹果的储藏保鲜技术。

图2—1 苹果树及苹果

各品种苹果的储藏特性

苹果的品种很多，全国目前有几十个栽培品种，其中主栽品种有十几个。各品种由遗传性所决定的储藏性和商品性状存在着明显差异。

● **早熟品种（6至7月成熟）** 早熟品种，如黄魁、早生旭、早金冠、伏锦、丹顶、祝光等，采后因呼吸旺盛、内源乙烯产生量大等原因，衰老变化快，表现为不耐储藏，一般采后立即销售或者只在低温下进行短期储藏。

● **中熟品种（8至9月成熟）** 中熟品种，如元帅系列、金冠、乔纳金、嘎拉等是栽培比较多的品种，其中许多品种的商品性状可谓上乘，储藏性优于早熟品种，在常温下可存放2周左右，冷藏条件下可储藏2个月，气调储藏期更长一些。但由于不宜长期储藏，中熟品种采后也以鲜销为主，可少量进行短期或中期储藏。

● **晚熟品种（10月以后成熟）** 晚熟品种，如红富士、秦冠、王林、北斗、秀水、胜利、小国光等，目前在生产中栽培较多。其中，红富士以其品质好、耐储藏而成为我国苹果产区栽培和储藏的当家品种。由于干物质积累多、呼吸水平低、乙烯发生晚且较少，晚熟品种一般具有风味好、肉质脆硬而且耐储藏的特点。晚熟品种在常温库一般可储藏3～4个月，在冷库或气调条件下，储藏期可达到5～8个月。

苹果采后的商品化处理

苹果采后的商品化处理主要包括以下技术：

1. 整理与挑选

整理与挑选的目的是剔除有机械伤、病虫危害、外观畸形等不符合商品化要求的果品。

● **田间收获** 收获的果品往往带有残叶、败叶、泥土、病虫污染等，它们携带了大量有害微生物等，必须及时处理。

● **去除不可食用的部分** 如去叶、去茎等。

2. 预冷

预冷是果品采收后迅速去除田间热，将果品温度降到适宜温度的过程。

● 预冷是果品商品化处理中必不可少的环节，必须在产地采收后立即进行。

● 一些需要低温冷藏或有呼吸高峰的果实若不能及时降温预冷，会在运输冷藏过程中很快就会达到成熟状态，大大缩短储藏寿命。

● 未经预冷的果品在储运过程降低其温度需要更大的冷却能力，在设备动力和商品价值上都损失很大。

● 经预冷的果品，以后只需较少的冷却能力和隔热措施就可达到减缓呼吸、减少微生物侵袭、保持新鲜度和品质的目的。

带有残叶、败叶、泥土的苹果需要清理，带有病虫的苹果可不能要!

表 2—1 列出了各种预冷方式的特点。

表 2—1　　　　各种预冷方式比较

冷却方式		优缺点
空气冷却	自然对流冷却	操作简单易行，成本低廉，适用于大多数果品，但冷却速度较慢，效果较差
	强制通风冷却	冷却速度较快，但需要增加机械设备，果品水分蒸发量较大
水冷却	喷淋或浸泡	操作简单，成本较低，适用于表面积小的产品，但病菌容易通过水进行传播
碎冰冷却	碎冰直接与产品接触	冷却速度较快，但需冷库采冰或制冰机制冰，碎冰易使产品表面产生伤害，耐水性差的产品不宜使用
真空冷却	降温、减压，最低气压可达 613.28 帕	冷却速度快，效率高，不受包装限制，但需要设备，成本高，适用的品种有局限，一般以经济价值较高的产品为宜

3．清洗和涂蜡

（1）清洗　清洗的目的是除去果品表面带有的大量泥土、污物，改善果品外观，减少表面病原微生物。以下是具体的注意事项：

● 清洗用水必须清洁，不能反复使用。清洗槽的设计要便于清洗。可在水中加入漂白粉或 50 ~ 200 毫升 / 升的氯水溶液［用量按照《漂白粉、漂粉精类消毒剂卫生质量技术规范（试行）》中规定的有效氯含量］进行消毒，防止病菌的传播。

● 1% ~ 2% 的碳酸氢钠或 1.5% 的碳酸钠溶液清洗（两者无限量规定，按需要使用，一般应在制成最后成品之前除去，有规定食品中残留量的除外），可迅速除去表面污物及油脂。

● 1.5% 的肥皂水加 1% 的磷酸三钠清洗（两者无限量规定，按需要使用，一般应在制成最后成品之前除去，有规定食品中残留量的除外），水温 38 ~ 43℃，可迅速除去表面污物。

● 2% ~ 3% 的氯化钙溶液清洗（无限量规定，按需要使用，一般应在制成最后成品之前除去，有规定食品中残留量的除外），可减少采后病害的发生。

● 清洗方法：人工清洗和机械清洗（传送带）。

（2）涂蜡 涂蜡的目的是减少水分蒸发、保持果品新鲜度以及抑制呼吸代谢，延缓衰老。清洗对果品表面固有的蜡层有一定破坏，所以常需要涂蜡。

目前商业上使用的大多数蜡液都以石蜡（可以很好地控制失水）和巴西棕榈蜡混合作为基础原料。近年来，含有聚乙烯、合成树脂物质、乳化剂和润湿剂的蜡液材料逐渐被普遍使用。涂蜡要求如下：

● 材料安全、无毒。

● 涂被厚度均匀、适量。

● 成本低廉，材料易得。

4. 分级

分级是提高商品质量和实现果品商品化的重要手段，此外还便于果品的包装和运输。出口鲜苹果的等级规格见表 2—2，出口苹果不同品种、等级的最低着色度要求见表 2—3。

表 2—2　　　　出口鲜苹果的等级规格

等级	规格	限度
AAA（特级）	1. 有本品种果形特征，果柄完整 2. 具有本品种成熟时应有的色泽，各品种最低着色度应符合表 2—3 的规定 3. 大型果实横径不低于 65 毫米，中型果实横径不低于 60 毫米 4. 果实成熟，但不过熟 5. 红色品种微伤总面积不超过 1.0 平方厘米，其中最大面积不超过 0.5 平方厘米。黄、绿品种轻微伤总面积不超过 0.5 平方厘米，不得有其他缺陷和损伤	总不合格果不超过 5%
AA（一级）	1. 有本品种果形特征，果柄完整 2. 具有本品种成熟时应有的色泽，各品种最低着色度应符合表 2—3 的规定 3. 大型果实横径不低于 65 毫米，中型果实横径不低于 60 毫米 4. 果实成熟，但不过熟 5. 缺陷与损伤：轻微碰伤总面积不超过 1.0 平方厘米，其中最大面积不超过 0.5 平方厘米，轻微枝叶摩伤面积不超过 1.0 平方厘米；不得有破皮、虫伤、病害、萎缩、冻伤和瘤子	总不合格果不超过 10%
A（二级）	缺陷与损伤总面积、摩伤面积标准同 AA 级。轻微药害面积不超过 1/10，轻微雹伤面积不超过 1.0 平方厘米。干枯虫伤不超过 3 处，每处面积不超过 0.03 平方厘米。小痣点不超过 5 个。不得有刺伤、破皮伤、病害、萎缩、冻伤、食心虫伤，已愈合的其他伤面积不大于 0.03 平方厘米	总不合格果不超过 10%

表 2—3　　出口苹果不同品种、等级的最低着色度

品种	AAA	AA	A
元帅类	90%	70%	
富士	70%	50%	40%
国光	70%	50%	40%
金冠	黄或金黄色	黄或黄绿色	黄或黄绿色
青香蕉	绿色不带红晕	绿色，红晕不超过果面的 1/4	绿色，红晕不限

5. 包装

包装是苹果生产标准化、商品化、保证安全运输和储藏的重要措施，可以减少果品因互相摩擦、碰挤而造成的机械损伤，避免果品散堆发热而引起腐烂变质，保持果品在流通中良好的稳定性，提高商品性和卫生质量，便于流通的标准化。

包装容器要具备以下条件：

- 保护性。
- 通透性。
- 防潮性。
- 清洁、无污染、无异味、无有害物质。
- 包装上写明：商标、品名、等级、重量、产地、特定标志。

常用包装容器的种类、材料及使用范围见表 2—4。

表 2—4　　包装容器种类、材料及使用范围

种类	材料	使用范围
塑料箱	高密度聚乙烯 聚苯乙烯	任何果蔬 高档果蔬
纸箱	板纸	果蔬
钙塑箱	聚乙烯、碳酸钙	果蔬
板条箱	木板条	果蔬
筐	竹子、荆条	任何果蔬
加固竹筐	筐体竹皮、筐盖木板	任何果蔬
网袋	天然纤维或合成纤维	不易擦伤、含水量少的果蔬

6. 运输

（1）振动　果品是一个个活的有机体，在不断地进行旺盛的代谢活动，剧烈的振动会给果品表面造成机械损伤，促进乙烯合成，加快果实成熟；伤口还会引起微生物的异常，因此在运输过程中应特别注意避免。影响振动的因素与防振措施：

- 运输方式：水运、空运优于铁路运输，铁路运输优于公路运输。
- 公路运输时应注意路面状况与车速。
- 装载量过少易加剧振动。
- 不合适的堆垛和固定措施的缺乏会加剧振动。
- 良好的缓冲包装可以减轻振动导致的机械伤。

（2）温度　温度过高，果品代谢速率、呼吸速率、水分蒸发速率都会大大加快，导致果实快速成熟；温度过低，果实会发生冷害，影响其耐储性。

国际制冷学会推荐的苹果运输温度为 3 ~ 10℃。

经济实用的储藏设施和设备

1. 气调储藏

气调储藏是通过调节和控制储藏环境的气体成分达到延长苹果的储藏期，获得良好保鲜效果的技术措施。标准的气调库是冷库加密封

还是空运平稳啊！

设施和造气、调气设备。气调储藏对入储果的要求：

● **果品品质** 气调储藏的苹果应品种优良，质量高档，主要供应国内外中高级市场和超级市场；凡是进行气调储藏的苹果，必须适时采收、装运，进行严格挑选、分级和装箱待储；果实分级装箱后应在 1 ~ 2 天内入储，最长不超过 3 天，否则将影响果品质量。

● **果品预冷** 入库前预冷是关系到果品储藏寿命和质量的大问题。如果果实采后不进行预冷即入库，短期内果温很难下降。因此，果实采后预冷，降低果实自身的呼吸强度，减少水分和营养物质的消耗，有助于提高耐储性和保鲜效果。

● **温度和气体调节** 快速入库，一般每 100 吨的储藏库最慢装库时间不得超过 48 小时。封库后要立即快速降氧，在封库后 2 ~ 3 天，库内氧气降至 2% ~ 3%，二氧化碳的浓度不宜高于 5%，温度恒定在 0℃上下，相对湿度保持在 90%左右。

2. 通风库储藏

通风库储藏是利用自然界低温，借助于库内外空气交换达到库体迅速降温，并保持库内比较稳定和适宜的储藏温度的一种储藏方法。

通风库宜建筑在地势高、干燥、地下水位低、通风良好的地方，通常分为地上式、半地下式和地下式三种。

通风库的平面形状多为长方形，一般库宽 9 ~ 12 米，长 30 ~ 40 米，高 4 米以上。

库房的走向因各地的气候条件而不同。北方建库多为南北走向，以减少冬季迎风面的面积，防止库温过低。

建筑通风库时，最重要的是选择好库墙、库顶的隔热材料。

一般情况下，容量低于500吨的储藏库，每50吨果品所需要的通风面积不应少于0.5平方米。

进气设施的安排：一般应在库房基部设置进气窗。地下式或半地下式通风库，也可用中间的通道导入冷空气。

排气窗多设在库顶中央，并高出库顶1米以上。一般每隔5～6米开设一个口径为25～35厘米的排气窗。

3. 冷库储藏

● 冷库储藏也称机械冷藏，是用良好的隔热材料与坚固的建筑材料建成库房，并与机械制冷设备配套，储藏环境的温度由机械制冷设备控制的储藏方法。这种储藏方法可以根据苹果品种对储藏温度、湿度和通风换气的要求进行调节和控制，因而保鲜的时间长，效果好。进行冷库储藏的苹果品种的选择和入库前的准备工作如下：

● **果品品质** 原则上任何品种都可以进行冷库储藏，但根据果园的品种情况和经济目标，应该选择利用简易储藏法难以长期保鲜的品种，如红星、金帅、乔纳金等；或储藏价格较高、储后增值明显、经济效益较好的品种，如红富士等。

● **消毒准备** 入库前，首先对冷库和所有的容器进行集中消毒。最简单的办法是把冷库密封起来熏硫消毒。具体做法是：每100立方米库容用1～2千克硫黄加干锯末点燃，密封2～3天后启封排除残毒，然后对冷库进行预冷。

● **果品预冷**　轻质库一般预冷 3 ~ 5 天，土建重质库（夹层墙库）预冷 7 天以上，即能将库内温度稳定降至 0℃左右。

4. 沟藏

● **储藏场地的选择**　沟藏苹果时，储藏场地要选择在地势平坦、背风向阳、土质坚实、干燥而不积水、运输和管理方便的地方。储藏场地的大小可根据果品数量而定。一般每平方米的地沟可储藏苹果 250 ~ 300 千克。地沟以南北向为宜，沟深一般为 0.8 ~ 1 米，沟宽 1 ~ 1.2 米，沟长依地形和果品数量而定。在沟底部中央，沿沟的走向挖一条深、宽各 20 厘米的沟槽，以利于沟中通风透气。沿沟四周用土培成高 30 厘米左右的土埂。为了防御寒风、低温袭击，要在储藏地周围及沟的北沿距沟 1 米处埋设风障。沟的上方宜架设屋脊状支架，以便覆盖苫、席，挡风防寒，抵御风雪。

● **沟藏果实的选择**　沟藏的苹果应选择晚熟品种并适当晚采，采后进行挑选，剔除病虫果、带有机械伤的果和等外果。

● **沟藏果实的预储**　选好果品后进行预储，待果实自然降温后再进入地沟储藏。苹果预储多在果园内就地进行。方法是：在冷、凉、高、燥处的树荫下作深 20 厘米、宽 1.2 ~ 1.5 米的土畦，四周筑成高约 10 厘米的畦埂，将果实从畦的一端开始一层层地摆上去。摆果厚度为 5 ~ 6 层。预储期间，白天遮阴，傍晚揭开覆盖物通风降温。阴雨天气要防止雨水进入果堆内。

苹果的最优储藏条件

1. 温度

适宜的储藏温度可以有效地抑制苹果的呼吸作用，延缓果实后熟衰老、抑制微生物活动及防止低温伤害。

- 对大部分品种来说，适宜的储藏温度为 –1 ~ 0℃。
- 气调储藏的适宜温度比大气储藏适宜温度高 0.5 ~ 1℃。
- 最适宜的储藏温度要根据苹果品种、地区和年份来确定。例如，在 0℃长期储藏，翠玉品种、早生旭品种会发生褐心病，玉霞品种会发生果肉湿褐病，这些品种宜在 2 ~ 4℃储藏。秋花皮苹果在夏季凉爽和秋季冷凉的年份生长的果实，虎皮病发生严重，在 –2℃储藏效果较好；而夏季炎热和秋季温暖的年份生长的果实易受低温伤害，果肉易发生褐变，所以在 2 ~ 4℃储藏较好。

2. 相对湿度

- 在低温下应采用高湿度储藏，库内相对湿度保持在 90% ~ 95%。
- 在常温库储藏或者采用 MA（自发气调）储藏方式，库内湿度可稍低些，相对湿度保持在 85% ~ 90%，以降低腐烂损失。
- 在较高的湿度下，果实水分蒸发会大大降低，从而减轻自然损耗，保持新鲜饱满状态。

在低温下应采用高湿度储藏！

3. 气体成分

适当地调节储藏环境中的氧气、二氧化碳和乙烯含量，可延长苹果的储藏寿命，保持其鲜度及品质。

- 对于大多数苹果品种而言，2% ~ 5% 的氧气和 3% ~ 5% 的二氧化碳是比较适宜的气体组合。
- 对二氧化碳敏感的品种（如红富士）应将二氧化碳控制在 3% 以下。
- 大型现代化气调库一般都装置有乙烯脱除机，将乙烯含量控制在 10 微升 / 升以下对苹果储藏非常有利。

专家建议

在苹果气调储藏中，若气体调节或测试不当，或果品在高温天气装箱运输且通风不良时，都可发生二氧化碳浓度过高的现象。苹果遭受二氧化碳伤害与氧浓度也有关，一般情况下，氧浓度降低会加重二氧化碳伤害。如国光苹果在氧气浓度为 2% ～ 4% 时，二氧化碳浓度在 5% 以下时不发病，二氧化碳浓度在 6% 以上时则发病；当氧气浓度在 10% 时，二氧化碳浓度 6% 以下不发病。气调储藏中气体组成比例受多种因素影响，因此要经过试验才能推广应用，以免造成果品伤害而遭受损失。

话题3 梨储藏保鲜的实用技术

导读 梨树在我国栽培历史悠久，是重要的果树之一。尤其在北方各省区，梨的产量仅次于苹果。梨（见图2—2）较耐储藏，其储藏方法和苹果颇为近似。本话题主要介绍梨的储藏保鲜技术。

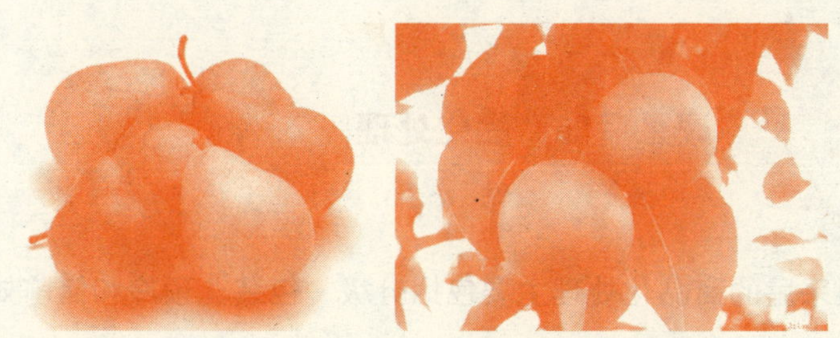

图2—2 梨

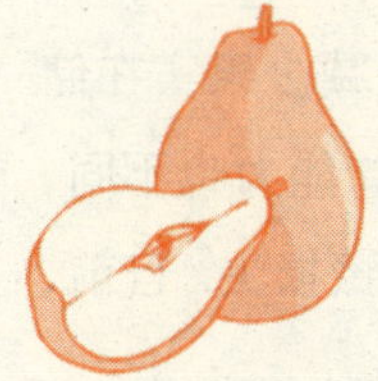

各品种梨的储藏特性

梨较耐储藏，其储藏特性与苹果相似，是我国大批量长期储藏的重要果品。梨的品种很多，耐藏性各异。从梨的系统来分，有白梨系统、秋子梨系统、沙梨系统和西洋梨系统。白梨系统的大部分品种（如鸭梨、雪花梨、酥梨、长把梨、库尔勒香梨、秋白梨等）果肉脆嫩多汁，耐储藏，是当前生产中的主要储藏品种。白梨系统的蜜梨、笨梨、红霄梨极耐储藏，而且采收时酸涩粗糙的品质可以经过储藏而得以改善。秋子梨系统中多数优良品种不耐储藏，只有南果梨、京白梨等较耐储藏。沙梨系统的品种耐储性不及白梨，其中晚三吉梨、金村秋梨等耐储。西洋梨系统原产欧洲，引入我国栽培的品种很少，主要有巴梨（香蕉梨）、康德梨等，其采后肉质极易软化，耐储性差，在常温下只能放置几天，在冷藏条件下可储藏 1 ~ 2 个月。

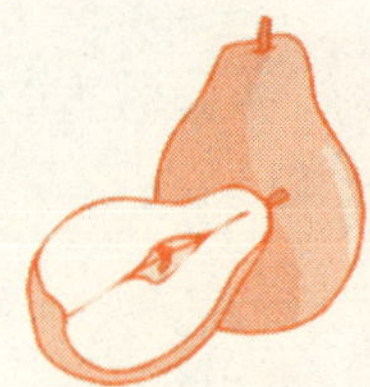

梨采后的商品化处理

梨采后的商品化处理主要包括分级、包装、预冷和储前处理等关键环节。

1. 分级

分级主要是通过挑选，剔除病、虫、伤、烂果，以减少果实在储运期间的损失。另外，果实大小和内在品质不同，其耐储能力也不同，通过分级储藏，采取不同储藏技术，可以有效减少果实储藏损失。目前，梨的采后分级主要包括人工分级和机械分级两种方式。

● **人工分级** 人工分级是采用人工手段将果实进行重量、大小、外观等的分级，主要靠人的视觉对梨的外观品质级别进行感官判断。

人工分级一般根据果形、新鲜度、色泽、品质、病虫害和机械伤等方面分出优劣级别，剔除那些不符合要求的损伤果、病害果以及成熟度过高或过低的次果。此法是较原始的果实分级方法，费工费时，但目前在我国梨分级方面还占有很大比重。随着机械分级设备的推广应用，人工分级将逐渐减少。

● **机械分级** 机械分级是利用水果分级机进行的，主要按照果品大小、重量和颜色等进行分级。其优点是分级速度快、效率高、精确度高。目前，我国梨采后机械分级多根据果实重量进行。需要注意的是，如选用的分级机类型不当或传送系统材质较差（较硬），或者是分级方法不当，容易对果皮较薄的梨（如套袋的梨）造成机械伤，分级效果不明显，影响果实储运过程中的品质保持。因此，生产中常采用人工分级和机械分级相结合的方式进行分级。

国外（重点如日本、韩国）现行的梨果实商品等级标准要求果实充分成熟，色泽艳亮，外观美，整齐，特级果的果重应在平均单果重以上；同时，对病虫、伤害、药害、日灼、果锈及果实生理病害的程度均有基本要求，且要求果实应达到本品种固有的风味品质。为了生产出更多的特级和一级果，生产管理上应严格推行人工授粉、疏花疏果和果实套袋等花果管理技术。

2. 包装

包装环节是使鲜梨实现标准化和商品化，确保安全运输和储藏的重要措施。适宜的包装是提升梨产品商品价值的重要途径，一方面利于运输，可以减少果实运输中的机械伤害；另一方面有助于保持储藏环境中的湿度，减少果实失水萎蔫。

● 梨的传统外包装有纸箱、塑料筐、发泡箱、木箱等，内包装则为保鲜纸、薄膜、发泡网套包装等。包装箱内采用发泡网套和衬垫是减少果实储运中机械伤害的有效措施。

● 由于一般梨果实对储藏环境中的二氧化碳非常敏感，因此，采用薄膜包装时应使用二氧化碳和氧气通透性好的聚乙烯薄膜（如微孔透气性薄膜、改良式高渗出二氧化碳保鲜膜，厚度不超过 20 微米），以避免包装内二氧化碳积累，导致二氧化碳中毒现象。耐高二氧化碳的梨品种（如酥梨）可采用单果包装的方式，其优点是减少水分损失，保持果实新鲜度，并避免果实病菌侵染，延长储藏寿命。

3. 预冷

预冷指将采收后的果实尽快冷却到适于储运的低温的措施。预冷的方法主要有冰冷、水冷、风冷以及真空预冷等。预冷可以降低果品的生理活性，减少营养损失和水分损失，并保持其硬度，延长储藏寿命、改善储后品质、减少储藏病害，提高经济效益。

由于长期储藏的梨果实一般在 9 至 10 月份采收，此时气温比较高，进行冷藏和气调储藏前应尽快预冷，以排除田间热。但对于某些日韩梨和西洋梨等易发生软化的品种，则不推荐采用预冷或缓慢降温，以免发生果实软化而降低商品价值。目前适宜于梨果预冷的方法主要有：

● **自然降温冷却**　选择冷凉干燥的地方，挖一条浅沟，深度约 10 厘米，宽 1.2 ~ 1.5 米，长度视储果量多少和作业方便而定，四周做成 10 厘米高的畦埂即可。将选好的梨果从一头开始，一层一层地摆放在畦面上，让其自然降温。白天遮阴，防日光直射；夜间揭开覆盖物，通风降温。此方法简单易行，但预冷时间长，难以达到果品所需要的预冷温度。

● **强制冷风冷却** 将梨果放在冷风室内，利用制冷机制造冷气，再通过鼓风机使冷空气流经果垛，将梨果表面的田间热带走，从而达到降温的目的。其特点是降温时间短，干净卫生，但需要设备，价格较高。

● **冷库冷却** 将梨果放在冷库中降温，具有简单、快速的特点。

对于鸭梨等对冷敏感的品种，应采取逐渐降温的方式，不宜采用急降温。传统生产中，鸭梨储藏过程中采用预冷或者逐步降温的方式，可明显减少储藏中的黑心病。一般认为，鸭梨入库温度为 10 ~ 12℃，每 3 天左右降 1℃，30 天左右降至 0℃，并保持此温度至储藏结束。也可采用两阶段降温法，即 10℃入储，保持 10 天，而后降至 3 ~ 4℃保持 10 天，最后降至 0℃至储藏结束。

4. 储前处理

储前处理主要包括化学防腐保鲜剂和天然防腐保鲜剂处理、生理活性调节剂处理、涂膜保鲜剂处理、乙烯吸收剂处理及作用抑制剂处理等处理方法。由于梨果实的果皮较薄，不宜长时间浸泡、滚动清洗，值得应用的是目前研究最广泛的是乙烯吸收剂和 1–MCP 处理技术。

● **清扫处理** 清扫处理主要包括清洗或吹扫果实萼端，以除去萼端残留的病菌、虫卵和灰尘，减少储藏期间的安全隐患，利于出口检疫检查。

冷库冷却具有简单、快速的特点。

● **乙烯吸收剂和 1–MCP 处理** 乙烯吸收剂目前已在商业上投入使用，主要通过吸收储藏环境中的乙烯保持果实储藏中的低乙烯水平，减少乙烯对果实的催熟作用。一般多采用片剂，直接放入包装内即可。

近年来，新型乙烯受体抑制剂——1–MCP(1– 甲基环丙烯) 得到了广泛应用。其作用是能明显抑制乙烯合成，减少储藏环境中的乙烯浓度。一般采取采后常温处理的方式，处理浓度为 0.5 ~ 1.0 微升 / 升，处理时间为 12 ~ 24 小时。处理后，果实迅速进入常规储藏。

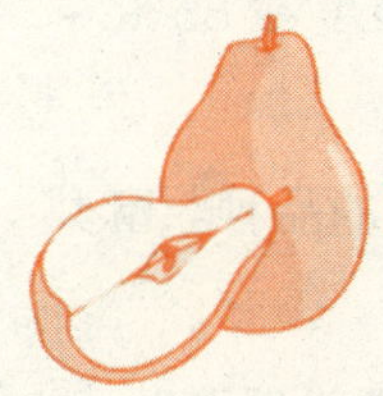

梨的储藏方式

1. 气调储藏

不同梨品种在气调储藏中要求的气体组成不同。

● 鸭梨对二氧化碳敏感，容易发生褐变。气调储藏和塑料小包装、大帐储藏等要求氧气浓度在 10%以下，二氧化碳为 1%。茌梨要求氧气含量为 2% ~ 4%，二氧化碳含量为 3% ~ 5%。鸭梨入冷库储藏时必须采用逐步降温的办法。

● 茌梨储藏温度为 0℃，相对湿度为 90% ~ 95%。

● 西洋梨进行气调库储藏，要求采后立即入库，库温尽快达到 –1℃。早、中熟品种，气调气体组成为氧气 2%、二氧化碳 1% ~ 5%。晚熟品种氧气为 2% ~ 3%、二氧化碳 1%，可储藏 6 个月。西洋梨上市前，需在 15 ~ 22℃的温度下经 3 ~ 5 天熟软化后才可上市。

2. 通风库储藏

梨的通风库储藏是利用冬季自然低温，昼夜温差大，采用有隔热保温性能的通风库，使梨处于相对稳定较低的温度条件下，延缓衰变，保持其品质良好的一种简易储藏方法。主要技术是：梨果采收后，经预储选伤，装筐入库，通风堆码。

● 根据库内外的温度差及时灵活地进行开窗或关窗，调节库内温、湿度，使温度尽量维持在 –3 ~ –1℃，相对湿度在 85% ~ 93%。

● 严寒季节要注意防冻，尤其是对低温比较敏感的品种。酥梨储藏时的适宜温度为 0 ~ 5℃。

● 梨果入库前，必须将通风库进行清扫消毒，库中要设置温度计、湿度计，并将其放在有代表性的位置，以便正确了解和掌握库内温、湿度的变化情况。

3. 冷库储藏

● **库房准备** 果实入储前要对库房进行清扫、消毒，可按每平方米库容熏蒸硫黄 5 ~ 8 克的比例进行熏蒸消毒，并关闭库门 24 小时，也可用 1% 的福尔马林喷淋消毒。所有包装、运载工具也要同时进行消毒。消毒后通风，直到无异味为止。入库前一周开机，将库内温度稳定在 0℃左右。

● **果实入储** 入库前要对梨果进行质量、数量的统计抽查，防止腐烂、霉变的果实进入库内。入库后果箱要按品种、等级堆垛，并保持垛形整齐。垛与垛之间要留有 0.5 米的空间，箱或筐之间要留有 1 ~ 2 厘米的空隙，不要紧贴。堆垛要离墙面 20 厘米，低于库内通风管 0.5 米，垛底要垫 15 厘米高的木料，还要留有 1.2 米宽的通道。果实入储前需要进行预冷处理。晚熟品种入储前可在露天放置一夜，第二天清晨入库。当入库果量多时，要将果实放在预冷间预冷，或将果箱单层摆放在库内，待果温降到 10℃时再堆垛。每天入库量宜为设计量（即库容）的 1/10 ~ 1/8，入满库后要在两天内使库温降到规定温度。

● **库内管理** 梨的品种不同，冷藏的适宜温湿度有差异。鸭梨，冷库储藏要求相对湿度保持在 90% 以上，降温要分段进行。茌梨冷藏的最佳温度为 0 ~ 1℃，相对湿度为 95%。雪花梨冷藏的最佳温度为 0 ~ 1℃，相对湿度要求 90% ~ 95%。秋白梨适宜的储藏温度为 0℃，相对湿度在 90% 以上。酥梨最佳的储藏温度为 1 ~ 5℃，不得低于 0℃，相对湿度为 90%。巴梨最佳的冷藏温度为 0℃，相对湿度为 90% ~ 95%。正常储存时，库内温度变化不应超过 1℃。可设置温度监控器探头，每库排布 6 个监测点。发现温度死角要及时调整通风嘴的风量，或增设小型风扇进行局部强制通风降温。靠近冷风机处要用帆布或草帘覆盖，防止果实发生冷害、冻害。要尽量减少库门的开关次数，防止门旁的果垛温度波动过频，但当库内发现异味（如梨的香气）时，要及时在夜间进行通风。为节省冷库能源，深秋、初冬或初春季节可用抽风机抽取自然冷源降温。

● **包装要求** 梨果储藏一般采用塑料包装袋包装，袋内相对湿度可达 90% 以上，因此不会产生干耗。但如果采用普通纸包装，为避免果实干耗，则须通过向地面洒水、蒸汽发生器喷蒸、门口加挂湿帘等方法，使库内相对湿度保持在 90% 以上。

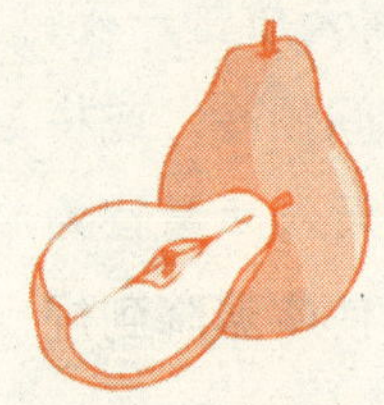

梨的最优储藏条件

1. 温度

● 一般认为，略高于冰点的温度是梨果最理想的储藏温度。其中，亚洲梨冰点为 -1.5℃（取决于可溶性固形物的含量高低）。在实际操作中，考虑到安全性及品种储藏要求的差异，储温可适当提高。中国梨（尤其是脆肉型梨）水分含量大，糖度较低，冰点较高，适宜储温一般以 0℃左右为宜；大多数西洋梨品种的适宜储温为 -1℃。

● 在接近冰点时，储藏温度发生较小的变动（如相差 1℃甚至是 0.5℃）就会对梨的储藏期产生很大的影响。另外，储藏过程中由于受可溶性固形物含量提高等因素的影响，冰点会逐渐下降。因此，随着储藏期的延长，逐步降低储藏温度，可使储藏期明显延长。

● 梨果采收后，原则上应尽快冷却至适宜低温。降温缓慢，软肉梨果极易变软后熟，脆肉梨果实黑心及腐烂将会加重，对储藏极为不利。

2. 相对湿度

梨皮薄、汁多，易失水皱缩（梨果失水 5% 时即出现皱皮）。在相同温度和空气流速下，梨比苹果失水要快 85% ~ 95%。较高的相对湿度可以有效阻止梨果水分蒸发，降低自然消耗，提高储藏质量。

3. 气体成分

● 在相同温度条件下，气调储藏比冷藏更能抑制水果的呼吸作用，延缓后熟、延长储藏寿命和货架期。此外，降低氧气浓度，提高二氧化碳浓度还可以抑制真菌病害的发展，延缓黑心、黑皮等生理病害的发生。

● 梨的多数品种对二氧化碳比较敏感，以前认为不适宜气调储藏。近年来，国内的研究和实践发现，气调储藏对于延长梨果储藏期、减少储藏过程中的生理病害作用十分明显，中国梨不少品种也可进行气调储藏。

4. 乙烯成分

乙烯是一种激素，具有促进果实成熟的作用，所以又称为成熟激素。果实在成熟过程中，会产生乙烯；反过来，乙烯能促进果实呼吸，加速果实成熟和衰老。梨的黑心病和黑皮病的发生也可能与乙烯有关。因此，减少乙烯生成、去除储藏环境中的乙烯，对于梨果储藏意义重大。去除储藏库内的乙烯，可明显延长果实储藏期，提高果实内外品质。采用高锰酸钾可分解乙烯，气调储藏也可抑制乙烯的产生。

专家建议

梨受二氧化碳伤害的特点是果肉不绵，组织坏死部分也有弹性，故硬度不减。受害部分明显，有时出现空洞，有的品种果心出现褐变。如鸭梨在0.6%的二氧化碳和7%的氧气下储藏50天后，即出现果心组织褐变；即或无二氧化碳，氧气降至5%也会使果心组织褐变加重。黑心病的发生与气体成分的关系，更可说明提高氧气浓度对于降低发病率的作用。在3.4%的二氧化碳和2.3%的氧气条件下，黑心病达60%。若氧气浓度提高到10.8%，则无黑心病发生。

话题4 柑橘储藏保鲜的实用技术

导读 柑橘（见图2—3）是我国南方各省普遍生产的重要果品。柑橘种类和品种繁多，鲜果供应期长，自秋季至次年夏季都可上市，利用不同地区的不同品种，栽培结合储运，鲜果可全年供应市场。本话题主要介绍柑橘的储藏保鲜技术。

图 2—3 柑橘

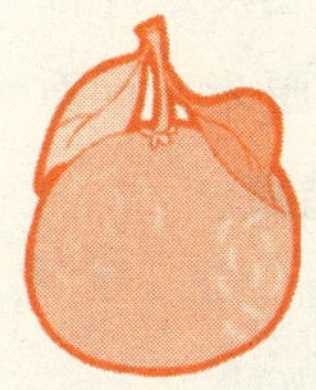

柑橘各品种的储藏特性

● 柑橘是没有呼吸跃变的果实，对二氧化碳较敏感。不同品种的柑橘耐储性差异很大，栽培条件、地区、成熟度不同，其耐储性也不同。早熟的品种大多不耐储藏，晚熟的果实果皮致密，油胞含油丰富，糖、酸含量高，果心维管束小，较耐储。不同品种对低温的敏感性差异性很大。

● 柑橘无后熟作用，在树上完熟的时间相对较长。成熟期间果内的化学成分变化主要是糖分和固形物逐渐增多，有机酸减少，叶绿素消失，类胡萝卜素形成。柑橘可溶性固形物含量、糖含量和酸含量因不同种类和品种而异，可溶性固形物含量为 5% ~ 15%，柠檬酸含量为 0.3% ~ 1.2%。柑橘在储藏过程中，由于呼吸作用的消耗，糖和酸的含量不断减少，特别是酸含量下降较为明显。在采收时果面未全部着色的柑橘，在储运过程中可继续着色。10℃以上的温度有利于着色。

● 柑橘耐藏性与其大小、结构有密切的关系。同一种类或同一品种的柑橘，常常是大果不如中等果耐储藏。特别是宽皮柑橘类，如椪柑和蕉柑，在储藏过程中很容易出现枯水病。随着水果和成熟度的提高，果皮的蜡质层增厚，有利于防止水分的蒸发和病菌的侵染。因此，成熟度较低的青果往往比成熟度高的果实容易失水。通常白皮层厚而致密的柑橘较耐储藏。据测定，甜橙类的白皮层厚 0.22 厘米，而宽皮柑橘类的白皮层厚仅为 0.07 厘米，因此前者较后者耐储藏。

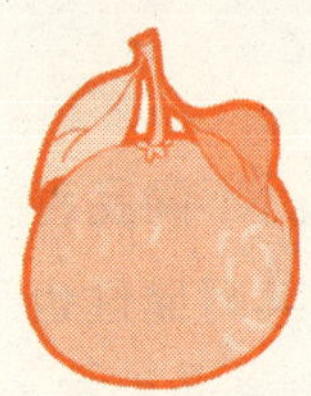

柑橘采后的商品化处理

柑橘采后的商品化处理主要包括机械化处理准备、机械化处理及柑橘果实的包装、储藏、运输等过程。

1. 机械化处理准备

● **采收** 采收时应尽量减少机械伤。

● **包装厂清洁卫生** 每天打扫地板，不让脏物进入；每天定时清除伤果和霉变果；最好配备与包装区分离的收果、进料、浸泡以及分选区；定期去除垃圾；保证水源供应；消毒剂、清洁剂、杀菌剂与果实分开放置；有害虫（如鸟、鼠、蜘蛛、蜗牛等）防治与根除计划；包装四周保持整洁、无杂草。

● **包装厂消毒**　采用次氯酸钠清洗消毒，浓度为 106 毫克 / 升；建筑内每年全面清洗 2 次；包装线每周消毒 1 次；冷藏室每年消毒 1 次；桶每次使用后浸泡消毒或喷药。

2. 机械化处理过程

● **进料**　将供选柑橘轻轻投入料斗，将选果机调节到合适的输送速度；果实进料时不宜湿润，避免果实受真菌侵染。

● **去除杂物**　配备斜面杂物去除器、真空刷，以去除沙、腐烂果、裂果等。

● **脱绿**　按照《水果和蔬菜冷藏后的催熟标准》中的规定，催熟室内的乙烯浓度维持在 0.1% ~ 0.2%，柑橘乙烯上色的使用浓度为 10×10^{-6}。上色前用 500×10^{-6} 的双胍盐和 500×10^{-6} 的多菌灵等杀菌剂处理以防治柑橘酸腐病、柑橘青、绿霉病和炭疽病；杀菌剂中加入 500 毫克 / 升的 2,4– 二氯苯氧乙酸用以保持果茎绿色；应保持脱绿室的高湿度，防止果实萎缩；低温减慢着色过程，而温度高于 25℃会抑制橙色的形成，因此要掌握最佳温度；保证空气流通。空气流通不良使二氧化碳累积，当二氧化碳浓度超过 4% 时，着色就会被抑制；不能用未成熟的果实进行处理；不要用低质的果实进行处理，气体处理不能提高严重缺陷果的外观；乙烯过多可能伤害果实，太少着色慢，高浓度乙烯易爆炸。

● **湿润**　去除腐烂果和裂果后，可以在滚筒上方喷氯水。疫区果实尚需用邻苯酚钠（SOPP）或次氯酸钠处理。

● **洗果与清洁** 洗果溶液对大多数金属有腐蚀性，可选用塑料、水泥或木质容器盛装，也可用有沥青和环氧涂被剂的金属容器。果实可以在田间于箱或塑料网袋内浸泡。手用橡皮手套保护，避免溶液与皮肤接触导致皮肤瘙痒。应在通风良好的环境条件下工作，避免产生的少量氯气刺激人的眼睛和咽喉。洗果溶液即配即用，一旦配好则应保存在冷凉的地方。次氯酸钠的储藏期为 1 周，氯化钙约半周，溶液不能配得过多；在溶液废弃之前，可用 4 ~ 5 滴 1% 的酚酞检查其是否失效。需经长途调运、储藏的果实，应进行保鲜药剂处理，SOPP 浸泡时间为 2 分钟。若溶液加热洗涤效果更好，在洗涤时可加热，但温度不能超过 32℃。

● **淋洗** 经清洗后的果实应进行淋洗，每个果实经过的喷头应不少于 2 个。

● **除水（常用吸水泡沫）** 可以用泡沫橡皮、泡沫塑料或软塑料刷除水以减少能耗。

● **分选照明** 冷白荧光灯的适宜光照度是 1 900 勒克斯，约 178 支蜡烛的亮度；果实流应分成宽度不宜少于 30 厘米的流通道，每一分选器负责一个道的果实。

● **上色** 柑橘上色后应进行淋洗，柑橘红 2 号的最高残留量不应高于 2 毫克 / 升。

● **蜡液** 蜡液要求：亮度持久，抗发白，减少果实失重 30% ~ 50%，果实经处理后无异味，干燥迅速，易于洗涤，原料为食品级。

● **蜡液使用** 蜡液的使用量为 1.5 升 / 吨；最好用低压喷雾，以减少蜡液浪费；浸泡可以使果实表面蜡液覆盖完全，但浓度易于稀释，使得蜡液上蜡效果差；40 毫米灌溉滴头可以用于软毛刷上方喷蜡。保证蜡液使用前果实表面干燥；保证果实表面覆盖完全；使用 2，4- 二氯苯氧乙酸保持果实品质；不应稀释蜡液；用软毛刷涂蜡液。

● **杀菌剂使用** 第一次使用杀菌剂应在采后果园或到达包装厂时以浸泡方式使用，越快越好，一般离采后不应超过 24 小时；第二次在包装线上使用；杀菌剂使用以洪水法和淋浴法为好。SOPP 一般在果实清洗时使用，其他杀菌剂在分选和干燥前使用，有些杀菌剂也可以与蜡液混合使用。

● **干燥** 干燥的适宜温度为 50℃，不应高于 60℃；不宜用热风加毛刷干燥果实，避免果实受伤害；果实干燥时间不应低于 25 分钟；注意避免以下几种情况：用蜡时果实太湿，干燥通道温度太低，通道果实过多，果实流动速度太快。

● **大小分级** 柑橘果实可以采用机械分级、电子光学分级和重量分级等方式进行。电子体积分级精确度高、对果实的伤害小。

3. 包装、储藏、运输

（1）包装

● **包装场地** 包装场地要求通风、防潮、防晒、防雨，温度为 3 ~ 25℃，相对湿度为 65% ~ 90%，干净整洁，无污染物，禁止存

要及时使用杀菌剂浸泡。
杀菌剂

放有毒、有异味物品。

● **包装材料** 包装材料可采用聚乙烯塑料或纸质材料，应清洁、质地细致、柔软、无污染。

● **包装果箱及装箱** 果箱可用瓦楞纸箱或竹篓等材料。包装果箱应排列整齐，结构应牢固适用，内壁须平滑，材料须良好、干燥、无霉变、无虫蛀、无污染。竹篓内须用清洁、无毒的柔韧物衬垫，箱的两侧有通气孔。瓦楞纸箱按《运输包装用单瓦楞纸箱和双瓦楞纸箱》（GB 6543—2008）执行。每批次包装箱规格应做到一致，其规格可参照《苹果、柑橘包装（GB/T 13607—1992）》的规定进行。一般每箱净重不超过 20 千克，或应客户要求包装。

● **封口** 果箱用宽幅胶带封口或用扎钉封口。

● **堆码** 存放或装运时，应按“品”字形排列堆码，堆码层数在 7 层以下。

● **标志** 写明品种、等级、重量（如毛重、净重）、产地和产品标准号，标签应符合《预包装食品标签通则》（GB 7718—2011）标准的规定。

（2）储藏 冷库储存须经 2 ~ 3 天预冷。葡萄柚、柠檬储藏的最佳温度为 12℃，脐橙、夏橙分别为 7℃ 和 10℃，宽皮柑橘为 5℃。在这种条件下，葡萄柚、夏橙、柠檬的储藏期可达 3 个月，脐橙 2 个月，宽皮柑橘为 1 ~ 2 个月。储藏时，应保持相对湿度为 85% ~ 90%。

（3）运输 运输应做到快装、快运、快卸。严禁日晒雨淋。装卸、

想不到经过长时间的运输你的脸色反倒更红润了……
重庆——北京

搬运时要轻拿轻放，严禁乱丢、乱掷。运输工具的装运舱应清洁、干燥、无异味，最适温度 3 ~ 5℃。运输过程中注意温度变化，遇低温或高温时应及时采取措施保温或降温。防止受潮、虫蛀、鼠咬等。

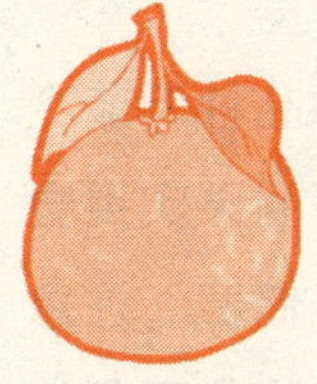

柑橘的储藏方式

1. 通风库储藏

● **储藏方法**　将处理后的橘果装入有垫纸或薄膜的果箱，果箱按“品”字形整齐码堆，每堆不超过 500 千克，高不超过 7 层。

● **温度和湿度控制**　储藏期间注意通风换气（10 至 11 月应日夜开窗，以降温散湿；12 月至次年 2 月要进行适当的通风换气，日最低气温≤ 4℃时紧闭门窗，以保温防冻），结合库内洒水等措施，尽可能使库内温度稳定在 6 ~ 12℃，湿度保持在 85% ~ 90%，能有效地保持果实新鲜饱满。

● **储藏期间管理**　储后每隔 20 ~ 30 天翻果检查一次，剔除有腐烂迹象及不耐储藏的果实。翻果时要轻拿轻放，防止增加新的机械损伤。对烂果应用纸包起，轻轻放入有盖的桶内，带出库外集中深埋；对与烂果接触的果箱及好果要用蘸有 0.2% 托布津等消毒液的湿抹布涂擦消毒，防止交叉感染。储至 3 月份以后，库内温度逐渐升高，二氧化碳、乙烯等气体以及乙醇、乙醛等挥发性液体明显增加，管理上要尽量加强午夜以后的通风降温，必要时在地面喷洒 1% 的高锰酸钾溶液，以中和有害气体，减缓果实的衰老与腐烂。这种方式可使宽皮橘储藏到 3 月份，橙类可到 5 月份。

2. 冷库储藏

柑橘在入库前先将冷库消毒，然后根据储藏的种类和品种调节冷库的温度，冷库相对湿度保持在 85% ~ 90%。将预冷后的果实用塑料薄膜单果包装和进行防腐处理，在冷库内堆码成垛进行储藏。注意冷库内的蒸发器要经常除霜，以免影响制冷效果。冷藏是柑橘理想的储藏方式。

3. 土窖储藏

● **储存方法** 选地下水位低、排水良好、地势高、干燥和土质结实的地方挖窖，大小以可储橘果 400 ~ 600 千克为宜。如在室外挖窖要有林荫遮蔽，如用现有旧窖，要刮去窖内表面泥土 3 ~ 4 厘米，修平窖壁、窖底。土窖经消毒、杀虫处理后，先在窖底垫一层新土或清洁河沙，再将橘果沿窖壁放 5 ~ 8 层。摆放时果蒂向上，下层放大果，上层放小果，每层果实要插空错开摆放，每堆果实的交接处要留一个宽约 30 ~ 40 厘米的“预口”不放果实。窖中部留 40 ~ 60 厘米见方的空地，以便检查和翻倒果实用。

● **温度和湿度控制** 储藏初期可在气温较低时的早、晚敞开窖口通风，降温降湿。1 至 2 月份要把窖口封严，防冷防冻。

● **储藏期间管理** 每隔 10 ~ 15 天检查一次。

采用土窖储藏柑橘，经济简便，适合农家采用。

4. 缸、坛储藏

选择干净的瓦缸或坛子，消毒后将无病虫、无伤害的正常果分层摆放于缸、坛内，装至离缸、坛口 8 ~ 10 厘米处，放在阴凉通风的地方，避免阳光直射，经 8 ~ 10 天后加盖封口或用松针覆盖储藏，以后每月检查一次。瓦缸及未上釉的坛子本身可以渗透微量的空气，盖严后不必通风，是一种既安全、效果又好的“自发保藏”方法。将缸、坛半埋入地下储果的效果更佳。

5. 松针储藏

将经过处理的果实直接放在干净的房内，先在地面垫一层鲜松针，再铺一层果实，然后按一层松针一层果实的次序分层存放。这种方式也用于容器储藏。储藏期间如松针变干，要注意用新鲜松针更换。遇上刮西北风的干寒天气应加盖草席或草包以保温、保湿。用此法储藏的柑橘新鲜味浓，一般可储至次年的 2 至 3 月份。

6. 锯木屑储藏

储藏时可在洗净、晒干并经消毒的木箱（桶）底部垫一层含水量在 7% 左右的新鲜锯末屑，再按一层柑橘一层木屑的方式分层存放，容器顶部覆盖 8 ~ 10 厘米的锯木屑后加上箱盖（可不盖严），储于阴凉通风处即可。锯木屑过于干燥时，宜喷 0.2% 的托布津溶液，以提高湿度，杀灭病菌。

7. 湿沙储藏

选择通风、隔热性能好的房间作储藏室，经消毒后先在室内地面铺一层稻草，草上铺 8 ~ 10 厘米厚湿润（手握不成团）、洁净（无泥）的河沙，再将经防腐、“发汗”与精选后的果实分层摆放，按一层果一层沙（湿沙厚度以看不见果皮为佳，果与果之间留 3 ~ 5 毫米的间隙），的顺序依次堆放 3 ~ 5 层，最后覆沙 5 ~ 10 厘米以保温保湿，可储藏 3 个月以上。储藏期间最好不要翻果，以防沙粒损伤果皮。

8. 室内砖池储藏

在地势高、干燥的室内，挖一个深 60 ~ 80 厘米、宽 80 ~ 100 厘米的方池，用砖砌壁，或在室内地面砌砖池，大小与地下池相仿。待消毒、干燥后，在池底垫上清洁的河沙或晒干的稻麦秆，再整齐摆放柑橘 5 ~ 8 层。储藏初期池口不盖严，让水分蒸发；气温较低时盖严池口，严寒时应加盖草包、棉被保温，以防果实冷害。

9. 塑料薄膜包装储藏

采用厚度为 0.06 ~ 0.08 毫米的聚乙烯塑料薄膜制袋，袋的容量以能装果品 25 千克为宜。储果时在聚乙烯塑料袋两侧各打上几个直径为 1 ~ 2 厘米的小洞，洞距 5 ~ 10 厘米，以利通风和散失水分。将待储果实装入打洞塑料袋并扎紧袋口，放置在通风良好、气温较稳定的室内储藏。储藏期间注意检查，剔除烂果。也可采用塑料薄膜垫箱，把橘果放入箱中，或用 0.02 毫米厚的聚乙烯薄膜单果包装置于箱中，外面用塑料薄膜盖严，放在储藏库房内储藏。用薄膜包装柑橘能防止果实水分蒸发，储至次年 2 月果实仍很新鲜。

10. 留树储藏

- 在柑橘果实即将成熟时，向树体喷射 2,4 – 二氯苯氧乙酸可以使果实在果柄处不产生离层，从而可使果实在树上存留较长时间而不易脱落；同时，加强农业技术措施，施以较多的磷、钾及氮素肥料，保证养分及水分的供应，提高树体抗寒能力，可以使果实在树上充分成熟，并且安全越冬，达到保鲜的目的。

小案例

这种柑橘保鲜方法是由四川省万县地区县农业部门试验成功的。这种方法是当果实颜色由深绿变为浅绿色（略带黄色）时（红橘在10月上旬，甜橙在10月中下旬）向树体喷射第一次药，以后每间隔一个半月左右喷1次药。若挂果时间较短，甜橙可只喷一次药，红橘可以不喷药。2,4－二氯苯氧乙酸的浓度以20毫克/千克为好。

● 甜橙类可留树保鲜至翌年3月初，于树体萌动前采收，保鲜时间为80多天;红橘类可保鲜至翌年2月中旬采收，保鲜时间为60多天。留树保鲜后不影响第二年的产量；果实品质显著提高，如总糖含量提高30%以上，总酸下降13.8%，维生素C及水分含量与未留树保鲜的果实相同。

● 使用此法时应注意适时采收。如果冬季出现－3℃以下的低温，应在低温出现之间提前采收。

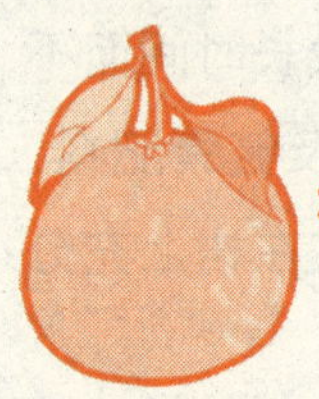

柑橘的最优储藏条件

● **温度** 柑橘类果实原产于气候温暖的地区，长期的系统发育决定了果实容易遭受低温伤害的特性。所以，柑橘储藏的适宜温度必须与这一特性相适应。一般而言，橘类和橙类较耐低温，柑类次之，柚类和柠檬则适宜在较高温度下储藏。

甜橙采用 1 ~ 3℃、蕉柑 7 ~ 9℃、椪柑 10 ~ 12℃的储藏温度比较适宜，储藏 4 个月皆无生理失调现象。蕉柑储温低于 7℃，椪柑低于 10℃易患水肿病。广东产的伏令夏橙和化州橙亦适宜储藏在 1 ~ 3℃的环境中。柠檬的储藏适温为 12 ~ 14℃，如果长时期储藏，在 3 ~ 11℃则易发生囊瓣褐变。

● **相对湿度** 不同类柑橘对湿度的要求不一：甜橙和柚类要求较高的湿度，最适相对湿度为 90% ~ 95%。宽皮柑类在高湿环境中易发生枯水病（浮皮），故一般应控制较低的湿度，最适相对湿度为 80% ~ 85%。日本储藏温州蜜柑的研究表明，在温度为 3℃、相对湿度为 85% 的条件下，烂果率最低；相对湿度低于 80% 或高于 90% 时，烂果率都增高。

● **气体成分** 除采用调节气体储藏柑橘果实外，一般要定时对储藏场所进行通风换气。采用气调储藏时，根据最适宜的氧和二氧化碳的比例加以调节，并对不良气体进行净化。

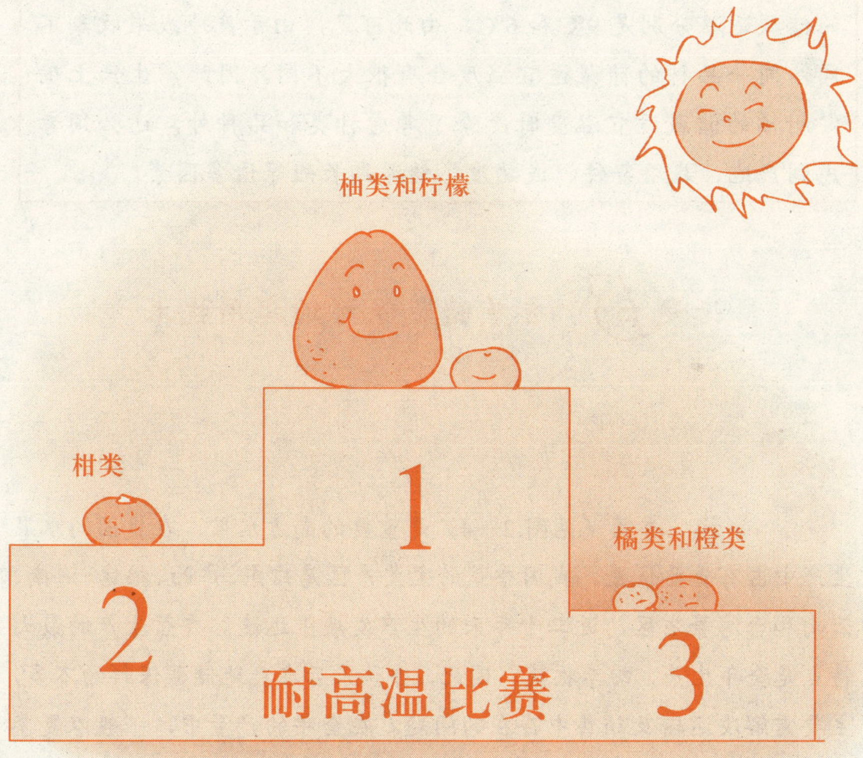
柚类和柠檬
柑类
橘类和橙类
1
2
3
耐高温比赛

专家建议

据报道，同为伏令夏橙，在美国佛罗里达州 3 月成熟采收，宜采用 0 ～ 1℃的储藏温度；但在亚利桑那州，3 月和 6 月采收的储藏适温分别是 9℃和 6℃。由此可见，由于产地或采收期不同，同一品种的储藏适宜温度会有很大不同。因此，生产上确定柑橘的储藏适宜温度时，除了考虑种类和品种外，还必须考虑到产地、栽培条件、成熟度、储藏期长短等诸多因素。

话题 5　香蕉储藏保鲜的实用技术

导读　香蕉（见图 2—4）是重要的南方水果，在我国的水果生产中占有重要位置。我国香蕉的主要产区是广东、广西、福建、海南、云南和台湾等省区，近二十年来的生产发展很迅速。香蕉生产的最大特点是全年生产，四季收获。因此，香蕉采后在产地储藏保鲜的不多，主要需解决运输及销售中存在的问题。在全年的产量中，一般以夏季为旺季，春季为淡季。

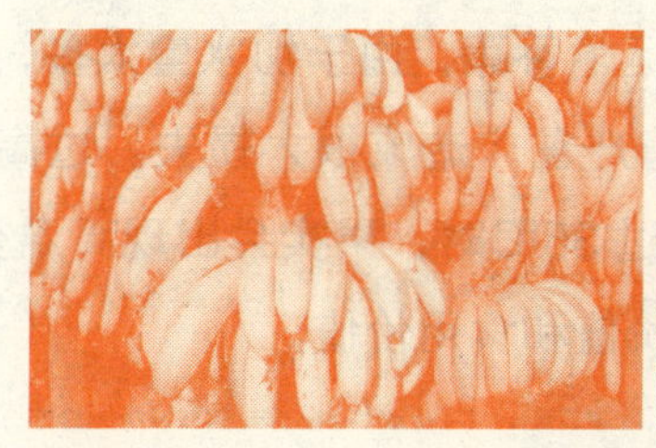

图 2—4　香蕉

香蕉的储藏特性

香蕉是典型的呼吸跃变型果实，呼吸跃变是其重要的采后生理转折点。香蕉果实长到七至九成的饱满度时采收，刚采收的香蕉很硬，果皮呈绿色，呼吸强度很低。随着呼吸跃变的到来，果实会发生一系列明显的变化：果实变软，紧接着是果实褪绿变黄（果实由绿变黄首先是中间转黄，然后是两端转黄）；果实的甜味和香味刚开始不浓，并略带涩味，当果实两端变黄时，风味变甜并散发出浓郁的香气；随着进一步完熟和果实的成熟衰老，果实的甜度下降，最后全果变坏。果实一旦完熟，在田间潜伏浸染果实的病原菌就会表现危害症状，造成果实的严重腐烂。因此，抑制乙烯的产生和延缓呼吸跃变的到来是香蕉储藏保鲜的关键。

香蕉是一种热带水果，对低温很敏感，储运温度低于 11℃时会使果实遭受冷害。香蕉冷害的典型症状是果皮变暗、无光泽，颜色呈暗灰色，严重时则变为黑色，催熟后果肉不能变软且不能正常成熟。

我国有些香蕉经营者用加冰保温车运输香蕉，由于加冰量太多，车厢内温度低于 10℃，导致香蕉受冷害严重，造成很大损失。过高的温度也会对香蕉造成伤害。当温度超过 35℃时，果实会出现高温烫伤，使果皮变黑，果肉糖化，失去商业价值和食用价值。

香蕉采后的商品化处理

1. 修整

在进行漂洗前，用半月形切刀对梳蕉柄切口处进行小心修整，以防原切口带病菌，影响储藏效果。经修整的切口要平整、光滑，不能留有尖角和纤维须，防止在储运时尖角刺伤蕉果和病菌从纤维须侵入。

2. 漂洗

经修整后，应立即将梳蕉放入清洁水中漂洗，将梳蕉洗干净，然后晾干。

3. 药物浸泡

香蕉在储运过程中的主要病害是轴腐病，药液处理是防止轴腐病的一项重要措施。具体方法是：将漂洗后晾干的梳蕉用 1 000 ~ 2 000 倍的甲基托布津或多菌灵溶液，或用伊迈唑 500×10^{-6} 的水溶液浸泡 30 秒后捞出放入竹箩内滤干。可在药液里加入 1% 左右的蔗糖酯，效果更好。药液用大罐（池）盛装，即配即用，每 48 小时更换一次新药液。用明矾水漂洗的梳蕉不要放入药液中浸泡，将梳蕉柄切口蘸取药液即可。

4. 催熟处理

由于香蕉在 21 ~ 24℃下快速后熟可获得较佳色泽，18 ~ 21℃下缓慢后熟则货架寿命较长，因此香蕉人工催熟的温、湿度控制应采用前期略高、后期降低的方法处理。目前常用的催熟方法有液体浸果催熟法和气体催熟法。

● **液体浸果催熟法** 香蕉到达销售地后，根据销售地的湿度配制乙烯利溶液，浸湿果实，捞起晾干，置于 20 ~ 24℃密闭的库房内催熟。每天为库房换气一次，经 4 ~ 5 天后果实可褪绿变黄。此法催熟后果肉的软化速度比果皮转黄的速度快，果皮色有时不够均匀，病腐发生较快，病果率较高，果实的货架期较短，易断指。

● **气体催熟法** 气体催熟需在有一定容量的专门催熟库房内进行，应有较准确的气体流量和温、湿度控制系统，乙烯浓度以 200 ~ 400 毫克 / 升为宜，温度可控制在 18 ~ 24℃，湿度保持在 75% ~ 85%。此法催熟的果实全果均匀黄熟，外观金黄，果肉质地硬爽，果实货架期较长，好果率高，在销售地催熟无须翻箱浸果，既减少了病原菌接触传染的机会，又省工省时。

5. 包装

● **包装材料** 香蕉商品包装应采用保鲜包装方式，即瓦楞纸箱 + 聚乙烯薄膜 + 乙烯吸收剂。包装箱采用天地盖式双层瓦楞纸箱。包装袋可用聚乙烯薄膜袋。乙烯吸收剂采用经充分吸附饱和高锰酸钾溶液的蛭石晾干后用无纺布袋包装，每袋 15 ~ 20 克。

● **包装方法** 在纸箱内垫好薄膜袋，然后把合格蕉梳以弓背朝上的方式小心、整齐、紧密地排列在箱内，蕉果不能高出纸箱。当天处理的香蕉应当天包装入库。短期储运用有孔薄膜袋装好蕉梳后，盖上纸箱上盖即可；较长期储运或夏季高温长途运输时，用薄膜袋装好蕉梳后，放入乙烯吸收剂，乙烯吸收剂按每千克香蕉不少于 2 克的标准放置。

6. 储藏

● **采收** 根据香蕉采后储运期的长短，选择适宜的饱满度采收。若要长途运输或长期储藏，其采收饱满度一般在七至八成。饱满度越高越接近成熟衰老，耐藏性就越差。香蕉采收时要尽量避免机械损伤，最好两人合作：一人先砍倒香蕉茎，另一人肩披软垫托起果穗，再由拿刀人砍断果轴。国外和国内一些香蕉生产单位在果园架起索道，从索道把整株香蕉引至加工厂，采后的全过程香蕉不着地，能有效防止机械损伤。不要在雨天或台风天气采收。香蕉采后当天要处理完毕。香蕉在采后处理储运过程中很容易受机械损伤，在果实转黄前受机械损伤看不出明显的伤痕，但是果实催熟转黄后伤痕处变黑，严重影响商品外观。受损伤的果实不但呼吸作用增强，乙烯产量增多，加快果实的变黄成熟，而且病菌易从伤口入侵，可引起果品的严重腐烂。因此，防止香蕉遭受机械损伤是香蕉保鲜技术的重要措施。

● **去轴落梳** 由于香蕉含有较高的水分和营养物质，结构疏松，易被微生物侵染而导致腐烂，而且带蕉轴的香蕉运输、包装均不方便，因此香蕉采后一般要进行去轴落梳。可用特制的弧形落梳刀进行落梳，落梳后用利刀修整好切口。

● **清洗**　香蕉在生长期间可能已附生大量的微生物，这些微生物可能导致香蕉在储运期间腐烂。因此，落梳后的香蕉在包装前应先进行清洗。清洗时可加入一定量的次氯酸钠溶液，同时除去果枝上的残花。

7. 运输

● 运输车辆夏季应采用机械保温车、加冰保温车或制冷集装箱，储藏温度为 13 ~ 15℃，相对湿度为 80% ~ 90%。

● 冬、春及深秋季节可使用棚车或汽车运输。冬、春季使用棚车运输时需注意保持车厢内的温度不低于 13℃，装运车库需预冷至 13℃，同时应注意小心装运，杜绝野蛮装卸。

● 进库后的香蕉应整齐堆叠，高度在 1.9 米左右，注意各蕉箱的通风口对齐，并分组留好通风道。储运过程中应注意通风换气，防止冷害发生。注意监控库内乙烯浓度的变化情况，避免香蕉伤害。

● 近地和产地短期储藏香蕉，采用防腐剂处理后，必须用 0.05 毫米厚的薄膜袋密封包装，并加入乙烯吸收剂，以吸收香蕉产生的乙烯。储藏过程应注意室内空气流通，一般夏天（28 ~ 30℃）储期为 20 ~ 30 天，冬天（10 ~ 20℃）储期为 40 ~ 50 天。

专家建议

采下的香蕉经质量挑选后，按果实的大小、成熟度进行分级，用来储藏保鲜的果实的大小、成熟度要基本一致，然后进行修整、漂洗和药物浸泡。

这么热的天
还让我们坐棚
车……

话题 6 枣储藏保鲜的实用技术

导读 枣（见图 2—5）原产于我国，已有 3 000 多年的栽培历史，主要分布在河北、河南、山东、山西、陕西、甘肃等省，全国干枣年产量约 50 万吨。枣是我国独具优势的果品之一，鲜枣营养丰富，肉脆味美，具较高的营养价值和药用价值，每 100 克果肉中的维生素含量可高达 400 ～ 600 毫克。近年来，有人发现枣肉中含有的环磷酸腺苷和黄酮类物质对冠心病、心肌梗死等疾病有较好的预防和治疗作用。但鲜枣采后在常温下果肉极易失水皱缩、软化变褐和发酵霉烂，生产上常将其制成干枣或加工品，显著降低了枣的营养价值及医疗功效。因此，搞好鲜枣的储运保鲜，对减少采后损失，延长市场供应期，促进我国枣业资源开发和产业化具有重要意义。

鲜枣储藏特性

● **品种** 鲜枣的耐藏性因品种不同而差异很大。一般而言，晚

图 2—5　枣

熟品种较早熟品种耐储，鲜食与干制兼用品种较耐储，抗裂果品种较耐储，小果型品种耐储性相对较好。

● **耐藏生理特性**　有研究认为，枣属于非跃变型果实，采后无呼吸高峰，乙烯释放量少，但对外源乙烯的催熟作用反应明显，对二氧化碳敏感，且易产生无氧呼吸。伴随储期延长和果实衰老，鲜枣果肉中的乙醇含量显著提高，维生素 C 含量迅速降低，果肉软化变褐。故而，延缓果肉软化是鲜枣储藏保鲜的关键。

● **储藏条件**　温度是影响鲜枣储藏寿命的重要因素。枣的最适宜温度为 -1 ~ 0℃，相对湿度以 90% ~ 95% 为宜。鲜枣是一种极易失水的果品，且成熟度越低失水越快。枣果构造与其他核果不同，枣外果皮有气孔，中果皮有气室，极易与外部发生气体交换。在室温为 20 ~ 22℃、相对湿度为 70% 的环境中储藏 3 天，果实失重达 5% 并开始皱皮，5 天后失重达 7% ~ 8%，完全失去新鲜状态。而在低温和高温条件下抑制失水变软，储期可显著延长。

鲜枣采后的商品化处理

枣采后极易变软腐烂，因而常在采前或采后进行药剂处理，减少果实腐烂。采前 15 天对树冠喷 0.2% 的氯化钙溶液，或采后用 2% 的氯化钙 +30 毫克 / 千克的赤霉素浸果 30 分钟，有利于果实保脆和提高储藏效果。

1. 包装

鲜枣呼吸旺盛，易失水，对二氧化碳、乙醇等气体敏感，果皮薄，不抗挤压碰撞。因此，常采用 0.003 ~ 0.005 毫米厚的 PE 或无毒 PVC 打孔塑料小包装储藏，装量以 2.5 ~ 5 千克 / 袋为宜，每千克打孔 3 ~ 4 个（孔距为 5 毫米）。也可将袋子对折掩口，以防发生二氧化碳伤害。

2. 储藏

采收成熟度直接影响枣的耐藏性。在一定时期内，成熟度越低，果实耐藏性越好。早采的鲜枣果皮蜡质层薄，储藏中易失水皱皮，含糖量低、口感差。随成熟度的提高，果实风味变好，但果肉软化褐变加快，保脆时间短，耐藏性下降。因此，长期储藏枣果时应适期采收。

（1）枣的成熟期

● **白熟期**　白熟期果实的大小、形态基本完成，果皮由绿转黄白。

此时糖分积累最快，维生素 C 的含量不断增加。

● **初红期** 初红期果梗处开始着色（红圈），也有品种从果顶开始着色。此时糖分在不断积累。

● **半红期** 半红期果皮着色面积达到 50% ~ 80%，风味、口感基本能表现出该品种的特点。

● **全红期** 全红期果面全部着色，由浅红色变为深红，糖分和维生素 C 的含量达最大值，之后果肉逐步软化褐变。

鲜枣储藏时一般应在初红至半红期采收，果实风味和耐藏性均较好。枣的成熟度差异较大时，可用手工分期采摘，并注意保留果柄，尽可能减少机械损伤。果实采后应及时剔除伤果、病虫果，经分级后进行包装。

（2）储藏方式

● **常温储藏** 挑选半红的无伤鲜枣，在阴凉潮湿处铺 3 ~ 5 厘米厚的湿沙，其上放一层鲜枣，再铺一层湿沙，进行沙枣层积，如此堆高至 30 厘米左右。为防止沙子干燥，可定期用少量清水补充湿度。用此方法可储藏 1 个月左右。

● **窑洞储藏** 果实采收后，挑选无伤枣果入窑，预冷 12 小时，然后装入 0.01 ~ 0.02 毫米厚的聚氯乙烯或聚乙烯薄膜袋中（每袋容量不超过 2.5 千克），袋中部两侧各打两个直径约 1 厘米的小孔。果袋最好竖着摆放在多层的货架上。储藏期间应注意窑温管理，定期观察袋中果实的情况，当果实原有的红色变浅或有病斑出现时，说明果实已开始变软或腐烂，应及时出库销售。用此方法，襄汾圆枣、蛤蟆

有病斑出现了，应及时出库销售。

枣可藏 30 ~ 60 天，脆果率在 70% 以上；赞皇大枣、骏枣、郎枣等品种可储藏 20 ~ 40 天。

● **冷藏** 为了避免冻害，鲜枣的冷藏温度最好控制在 –1℃左右。储藏方式可采用打孔袋或用纸箱、木箱、塑料周转箱等内衬塑料袋等方法。打孔袋储藏同窑洞储藏中介绍的方法基本相同。采用箱内衬塑料薄膜方法时，最好用 0.03 厘米厚的无毒聚氯乙烯薄膜，每箱容量不超过 10 千克。装果后袋口不能封死，对折掩口即可。掩口前，应敞口充分预冷，待果温降至接近储藏温度时再掩口封箱码垛储藏。果实在储藏前最好做预处理，如用 2% 的氯化钙 +30 毫克 / 千克的赤霉素浸果 30 分钟，可提高果实的储藏效果。

● **气调储藏** 不同品种枣果对气体成分的要求不同。一般来讲，鲜枣气调储藏时温度应控制在 –1 ~ 0℃，相对湿度在 95% 以上，氧气浓度为 3% ~ 5%。

专家建议

鲜枣储藏技术路线通常为：选耐储藏品种→适时无伤采收→剔除病果、虫果、伤果→采后处理（防腐、分级）→快速预冷至 0℃→打孔小包装→储藏→定期检查→出库→上市。

话题 7 哈密瓜储藏保鲜的实用技术

导读 哈密瓜（见图 2—6）味美甘甜，香气浓郁，爽口多汁，以上乘的品质风味在瓜果市场享有盛誉。哈密瓜早、中 、晚熟的品种搭配在市场上的供应期仅 2 ～ 3 个月，加之生产的地域性极强，因而对储藏和运输的要求十分严格。

图 2—6 哈密瓜

储藏特性

● **品种特性** 哈密瓜的品种很多，一般早熟品种不耐储藏，采后应立即上市销售。中熟品种只能进行短期（1 ~ 2 个月）储藏。晚熟品种生长期长（120 天），瓜皮厚而坚韧，肉质致密而有弹性，含糖量高，种腔小，较耐储藏。如黑眉毛蜜极甘、炮台红、红心脆、青麻皮和铁皮等品种均是宜于储藏或长途运输的主要品种。

● **储藏条件**　晚熟品种储藏的适宜温度为 3 ~ 5℃，早、中熟品种为 5 ~ 8℃，适宜的气体指标为氧气 3% ~ 5% 和二氧化碳 1% ~ 2% 。

哈密瓜采后的商品化处理

● **晾晒**　将瓜就地集中摆放，加覆盖物晾晒 3 ~ 5 天，以散失少量水分，增进皮的韧性。如果不加覆盖物，只需晾晒 1 ~ 2 天。晾晒期间，要注意防止被雨水淋湿。

● **温水浸瓜**　用 55 ~ 60℃（不能超过 62℃）的温水浸瓜 1 分钟。

● **药剂灭菌**　用 0.2% 的次氯酸钙或 0.1% 的特克多、苯来特、多菌灵、托布津 [按照《多菌灵、托布津、甲基托布津、苯菌灵（总量）农兽药残留限量》规定，使用限量 3×10^{-6}]，或 0.05% 的抑霉唑等浸瓜 0.5 ~ 1 分钟。也可与一些药剂结合使用。

哈密瓜的储藏方法

● **土窖吊藏或隔板架藏**　吊藏是在窖内一排排相距 50 厘米的横

梁上系长 1.5 ~ 2 米的粗麻绳或布带，将采收后的哈密瓜放入它们打结后形成的兜内，果柄向上。挂上后每 7 ~ 15 天检查一次，除去顶部变软的瓜。采用隔板储藏时，每层隔板只摆一层瓜，定期翻瓜，防止瓜与木板接触处腐烂。储藏初期注意在夜间气温降低后吹风排风，储藏后期空气相对湿度要保持在 85% ~ 90%。

● **气调储藏**　采用抽氧灌氮的方法使装瓜的聚乙烯醇薄膜袋内氧浓度降低，二氧化碳浓度提高，抑制果品呼吸，延长储藏时间。气体含量要求氧气 3% ~ 5%、二氧化碳 1% ~ 1.5%。相对湿度 80% 左右，温度 3 ~ 4℃。

● **抽气储藏**　抽气储藏是先把放瓜的聚乙烯醇袋扎紧，抽出袋内空气，使袋壁紧贴瓜上，定期换气。聚乙烯醇薄膜透水不透气，可以防止袋内湿度过高和结露。

● **冷库储藏**　将纸箱架离地面 15 ~ 30 厘米，堆高 10 ~ 20 箱。早、中熟品种储藏的适宜温度为 5 ~ 8℃，晚熟品种为 3 ~ 4℃。储藏期间空气的相对湿度保持在 85% ~ 90%，过湿易长霉，过干会引起干缩。

● **涂料储藏**　用 $1\,000\times10^{-6}$ 的托布津、苯并噻唑 44 号浸瓜 3 分钟，晾干，再用 1 号虫胶涂料加水 4 倍涂抹，晾干装箱（木箱或纸箱），在地窖或冷库中储藏。储藏条件：温度 2 ~ 3℃，相对湿度 80% ~ 85%。

专家建议

储藏前灭菌消毒或用虫胶涂瓜，效果很好。

话题 8 草莓储藏保鲜的实用技术

导读 草莓（见图 2—7）果色鲜红，果实柔软多汁，甜酸适口，含有钙、磷、铁和维生素 C 等多种丰富的营养成分。草莓含水量高，组织娇嫩，易受机械损伤和微生物侵染而腐烂变质。在常温情况下，果实放置 1～3 天就开始变色、变味，难以储藏保鲜。在草莓集中上市时期，大量的草莓腐烂直接影响了种植者的利益，限制了草莓种植的进一步发展。因此，应用储藏保鲜技术延长草莓储藏期成为草莓生产中亟待解决的问题。

图 2—7 草莓

草莓的储藏特性

● **品种特性** 草莓在我国南北方都可栽培，比较耐储藏运输的品种有鸡心、狮子头、戈雷拉、宝交早生、绿色种子、布兰登堡、硕丰、硕蜜等。草莓是一种非呼吸跃变型果实，采后没有后熟，充分成熟后采收风味品质才好。草莓果实娇嫩，多汁，营养价值高，色泽鲜丽，芳香宜人，是一种经济价值较高的水果。但是鲜草莓是一种浆果，皮薄，外皮无保护作用，采后常因储运中的机械损伤和病原菌侵染而导致腐烂。灰葡萄孢霉是草莓腐烂的主要致病菌。草莓在常温下放置1 ~ 2 天就变色、变味和腐烂，商品价值下降很快。

● **生理特性** 草莓属非呼吸跃变型果实，但在从完全成熟到过熟阶段，呼吸强度上升，出现峰值，称之为末期上升型。草莓果实采后乙烯释放量呈明显上升趋势，这是草莓不耐藏的原因之一。乙烯虽然不是主宰草莓成熟衰老的主要因素，但它也参与了草莓的成熟衰老过程。草莓成熟期正值高温季节，由于含水量高达 89 % 以上，呼吸代谢旺盛，加上果皮极薄，柔软多汁，采后极易受机械损伤，或由灰葡萄孢霉病菌、白粉病菌及根霉等真菌性病害侵染引起腐烂变质，导致出现氧化变色，失水干缩。采后草莓的正常代谢只能维持 2~ 3 天，3 天以后草莓内的膜脂过氧化的酶促反应系统和非酶促抗坏血酸系统迅速被破坏，草莓果实进入代谢紊乱和组织衰老阶段，这是采后草莓储藏寿命极短暂的根本原因。

草莓采后的商品化处理

1. 果实成熟度的确定

成熟度首先影响到果实的品质。按果实的着色面积，成熟度可分为 1/4、2/4、3/4 和全部着色四个进程。3/4 着色的果实在经过 24 小时储藏后有很浓的香味，采果成熟度以 3/4 着色（即七八成熟）为宜。

2. 采收前处理

草莓采收前用 0.1% 的氯化钙溶液喷施果实，或在采收后用氯化钙溶液浸果，可抑制草莓软化。

3. 采收

- 草莓果实成熟期先后不一，应分期采收。
- 采收宜在早晨或傍晚进行，连同花萼自果柄处摘下，避免手指触及果实。果实边摘边分级，以减少翻动而造成的机械损伤。
- 草莓果皮非常薄，极易受伤破损。因此，采收时应随时剔除病、劣果，把好的浆果轻轻放在特制的果盘中，果盘大小以 90 厘米 ×60 厘米 ×15 厘米为好。装满了草莓果实的果盘即可套入聚乙烯薄膜袋中密封，及时送冷库储藏；也可以用高度在 10 厘米以内的有孔筐采收草莓。放入后，切忌翻动，避免碰破果皮。筐内盛满草莓后应及时预冷，进行药剂处理入冷库储藏。

草莓采收前用0.1%~0.5%的氯化钙溶液喷施果实。

4. 选果

● 草莓采收后应及时去除病果和机械损伤果实。

● 健康果实储藏期腐烂主要是从相邻病果受感染，通过选果，减少传染源，利于果实的储藏。

● 采果前减少浇水和在叶面喷施氯化钙都有利于草莓果实的储藏保鲜。

5. 药物保鲜

● 0.05% 的山梨酸溶液浸泡 2 ~ 3 分钟。

● 过氧乙酸熏蒸处理，按每立方米库容 0.2 克过氧乙酸的量熏蒸 30 分钟。

● 酸－糖保鲜　草莓果实用亚硫酸钠溶液浸渍后晾干，在一容器底部放入由 9 份砂糖和 1 份柠檬酸组成的混合物，再将草莓放在其上保存，可显著延长储藏寿命。

● 二氧化硫处理　把草莓放入塑料盒中，分别放入 1 ~ 2 袋二氧化硫慢性释放剂，用封条将塑料盒密封。慢性二氧化硫释放剂应与果实保持一定距离。

储藏保鲜技术

1. 气调储藏

● 把在采收时装好草莓的特制果盘用 0.04 毫米厚的聚乙烯薄膜

袋套好、密封，在温度为 0 ~ 0.5℃、相对湿度为 85% ~ 95% 的环境里储藏。

● 袋内氧气为 3%、二氧化碳为 6% 的条件下，草莓可储藏 2 个月以上。

● 提高二氧化碳的浓度，腐烂率可大大下降，但二氧化碳的最终浓度不得超过 20%，否则会使草莓产生酒精味。

2. 冷藏保鲜

受灰葡萄孢霉感染后，果实自身的呼吸作用旺盛，易引起草莓衰老，导致腐烂。如果水分蒸发会引起失水干缩，草莓失水 5% 即失去商品价值。室温下草莓失水快，每天可失水 2.17% ~ 2.65%，3 ~ 4 天即失去商品价值。氧化作用引起果实变色也是影响草莓保鲜效果的主要因素。降低温度能有效地延长储藏时间。具体方法是：将待储草莓带筐装入大塑料袋中，扎紧袋口，防止失水及干缩变色，然后在 0 ~ 3℃的冷库中储藏。冷藏时应注意保持温度稳定，切忌温度忽高忽低。

3. 近冰点包装储藏

草莓是水分蒸发与温度无关型果实，即使在近冰点条件下，无包装的草莓水分蒸发也很迅速。因此，用塑料袋小包装可提高周围环境的湿度，减少空气对流，抑制蒸发，减少失重损失。

草莓呼吸作用的强弱受环境温度的影响很大，近冰点条件下的呼吸强度是室温条件下的 1/6。近冰点储藏的具体方法是：温度在 –0.7 ~ 0.3℃，相对湿度在 85% ~ 90%，草莓储藏于 0.04 毫米厚的 30 厘

米 ×32 厘米的聚乙烯薄膜袋中，扎紧袋口。

4. 速冻冷藏

● 选择适合速冻的品种。选单果重 7 ~ 12 克，横径不小于 2 厘米的八成熟果，当天采收并进行速冻处理。当天处理不完的，应暂存在 0 ~ 5℃的冷库内。远距离运输时，需用冷藏车。

● 进行速冻处理前先将草莓置于流动水中，用圆角棒搅动清洗后，用 0.05% 的高锰酸钾水溶液浸洗 4 ~ 5 分钟，然后用清水淋洗，滤控 10 分钟后去除多余水分，将草莓放置在长、宽、高分别为 38 厘米 ×30 厘米 ×8 厘米的金属盘中，每盘限放 5 千克，并加水 100 ~ 150 克。

● 按草莓重量的 20% ~ 25% 加入白糖（酸味重的品种按 25% 加糖），搅拌均匀后，立即放入 -28℃以下的冷冻室，速冻至果心温度达 -15℃即可。

● 将速冻的草莓拿到 0 ~ 5℃的冷却间，重新装入塑料袋中，密封后放入硬纸箱，在 -18℃以下储藏。此法可储藏 18 个月。

专家建议

采收前可适当喷洒 0.1% ～ 0.5% 的氯化钙溶液，以抑制草莓软化。采收时间应选在晴天气温较低的早晨或傍晚，避免在气温较高的中午采收。早晨采收应在露水干后进行。

话题 9 樱桃储藏保鲜的实用技术

导读 樱桃（见图 2—8）是落叶果树中上市最早的果品，市场价格较高，但由于樱桃果实皮薄、多汁、含水量高，常温下只能存放 3 ～ 5 天，故而市场供应期很短。因此，搞好樱桃的储藏保鲜，对提高樱桃种植经济效益意义重大。

图 2—8 樱桃

樱桃的储藏特性

我国作为果树栽培的樱桃有中国樱桃、甜樱桃、酸樱桃和毛樱桃。

中国樱桃多在5月上中旬成熟，果实小、果肉软、汁多，极不耐储运。酸樱桃90%用来加工，大的甜樱桃则用于鲜销，储藏保鲜意义较大。早熟品种5月下旬至6月上旬成熟，果实发育期短，果皮薄，肉质密度差，不耐藏，只能冷处理作短期储藏；晚熟品种6月中下旬成熟，果肉致密，对低温适应能力较强。所以，储藏保鲜要选6月中下旬至7月上旬成熟的品种，如那翁、宾库、晚黄、晚红、秋鸡心、施密特、天香锦、甜安等。对于新引进的品种，宜先做储藏试验，不可盲目用来储藏。

樱桃采后的商品化处理

1. 选果

● 剔除过度成熟果、青绿小果、病虫果、伤残果、双果。挑选过程中操作人员必须戴手套，要轻拿轻放，以免造成新的机械损伤。

● 中国樱桃的果实不必进行分级，挑选好后直接包装运往市场即可。甜樱桃必须分级包装。

● 分级后的果实装入内衬有大樱桃保鲜袋的箱中，每袋装量5千克，同时均匀放入CT-2号保鲜剂，用量是1克/千克，每包用大头针扎两个透眼。

● 装箱后马上置于0℃条件下，敞开预冷，时间为10小时以上。当果温达到0℃时加入保鲜剂，用量为1克/千克。注意药包不要直接接触果实，须用纸包一下，然后扎紧保鲜袋口储藏。

选果时一定
要戴手套啊！

2. 防腐保鲜处理

● 在储藏过程中樱桃易产生褐腐病、灰霉病、软腐病（由根霉菌引起）。为防止病害发生，可用仲丁胺熏蒸剂杀菌，每千克樱桃果实用 0.1 ~ 0.2 克，也可在保鲜袋中放 CT–8 保鲜剂熏蒸防腐保鲜。

● 有条件时也可用 0.1% 的噻苯咪唑、0.5% 的邻苯基苯酚钠和 0.5% 的维生素浸果，均能抑制褐变及腐烂病发生。

3. 包装

● 用于储藏的樱桃要适当早采，一般提前一周进行。应选择带果柄的采收，尽量避免机械损伤。

● 采后立即将果实预冷到 2℃，在不超过 2℃的温度条件下运输，基本上可控制由于采前感染火星病而导致的腐烂。因为樱桃的果实娇小、不耐压，宜采用较小的包装，每盒装量为 2 ~ 5 千克。

● 大樱桃采后处理不当容易过熟和衰老；湿度过低、温度过高时，果柄会枯萎变黑，果实变软、皱缩、褐变，并引起腐烂。

● 表面凹陷是影响甜樱桃鲜销品质的主要问题，采后钙处理和减压储藏可以降低表面凹陷的发生率。

樱桃储藏保鲜条件

● **温度**　樱桃比较耐低温，但是不同品种各有差异。如宾库品

种在 -2℃下储藏 2 ~ 3 个月果实仍然新鲜，无冷害或冻害表现，而先锋品种在此温度下却表现出不适应。-1 ~ 0℃的储藏温度对大多数樱桃品种都是安全的。

● **相对湿度** 樱桃的果柄更容易失水，从而影响樱桃的新鲜状态。储藏环境的相对湿度应保持在 90% ~ 95%。

● **气体成分** 储藏樱桃安全有效的二氧化碳浓度为 20% ~ 25%。

● **防腐** 樱桃采后用 500 微升 / 升的施保克处理 2 ~ 3 分钟可防腐。

樱桃储藏保鲜要点

● 采后立即预冷，将果温降至 0℃左右。

● 控制储藏低温，保持 -1 ~ 0℃的储藏温度。

● 采取良好的包装措施。塑料袋小包装比较适合樱桃的保鲜，但由于樱桃不耐挤压，每袋装量要少。一般选择 0.06 ~ 0.08 毫米厚的聚乙烯袋，每袋 2 ~ 5 千克。装袋前一定要充分预冷。宾客、先锋、拉宾斯大樱桃，在温度为 -1 ~ 0℃，氧气含量为 1% ~ 2%、二氧化碳含量为 10% ~ 25%的条件下，经 2 ~ 3 个月的储藏，果实仍然新鲜、饱满。

专家建议

用于储藏的樱桃要带果柄采摘，采收和搬运过程中要轻拿、轻放，不要碰伤果实。采收后先进行初选，剔除裂果、病烂果、畸形（连体）果、刺伤果等。选后用花格木条板箱或塑料周转箱盛装，内衬铺垫，防止运输中发生碰伤或压伤。

第三讲　果品加工实用技术

话题 1　果品罐头加工技术与工艺

导读　果品罐藏是将果品原料经预处理后密封在容器或包装袋中，通过杀菌工艺杀灭微生物的营养细胞和芽孢，在维持密闭和真空条件下，使果品得以在室温下长期保存的果品保藏方法。

罐头的加工工艺及设备

制作罐头的基本工艺流程为：原料预处理→装罐→预封→排气→密封→杀菌→冷却→保温→贴标→成品。每一个工艺过程都需要严格控制，以确保产品质量。具体工艺过程如下：

● **原料预处理**　原料预处理包括原料的挑选、分级、洗涤、去皮、切分、去核（心）、热烫等流程。

● **装罐**　装罐前要进行空罐及罐盖的清洗、消毒，此外需要配置罐液。装罐方法有人工装罐法和机械装罐法。常用的装罐设备为真空罐藏自动加汤机，如图 3—1 所示。

图 3—1　真空罐藏自动加汤机

● **预封**　预封指用封口机将罐盖与罐身初步连上，使其松紧度刚好能使罐盖沿罐身旋转而又不脱落。这样可以防止冷凝水落入罐内而污染食品，还可避免表面食品直接接触高温蒸汽而受损伤，保证罐藏的真空度。

● **排气**　排气可起到防止和减轻罐头在后续加工中的变形和损坏、阻止气性微生物的生长繁殖、减少食品的营养损伤等作用。排气的方法包括热力排气、真空排气、喷射蒸汽排气。常用的排气设备是 TZP 型连续式排气箱，如图 3—2 所示。

● **密封**　金属罐和玻璃罐的密封方式有所不同。金属罐一般采用自动或半自动封罐机将罐身与罐盖卷封即可；玻璃罐的密封与封口结构有关，共有卷封式、抓式、螺旋式、旋钮式、套压式五种结构。

封罐设备有半自动封罐机、自动封罐机以及真空自动封罐机等多种，如图 3—3 所示。

图 3—2 TZP 型连续式排气箱

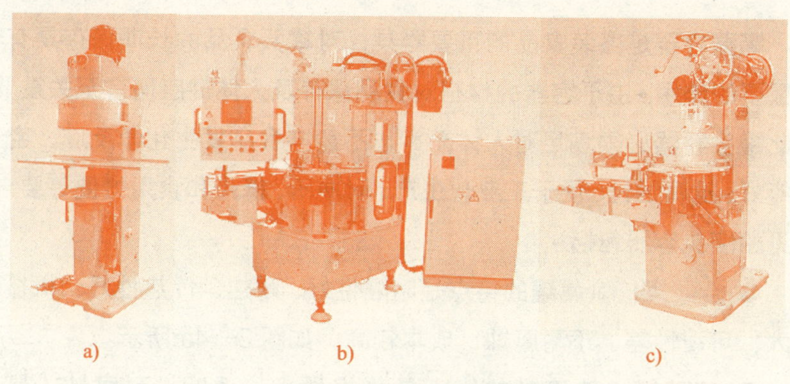

a) b) c)

图 3—3 密封设备

a）半自动封罐机 b）自动封罐机 c）真空自动封罐机

● **杀菌** 杀菌是罐头制作工艺中最为重要的环节，主要是杀死污染食品的致病菌、产毒菌、腐败菌，并钝化食品中的酶，从而达到大大延长储藏期的目的。杀菌方法较多，包括热杀菌和非热杀菌两类，非热杀菌方法有辐射杀菌、紫外线杀菌、超高压杀菌、高压脉冲电场杀菌等。杀菌设备有高温灭菌锅、高温瞬时灭菌机等。

● **冷却** 冷却可以防止罐头容器变形，并且可使密封更加紧密。冷却方法有常压冷却和加压冷却，其中加压冷却主要用于高温高压杀菌后容易变形、损坏的罐头容器。

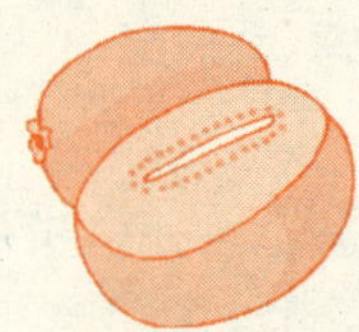

常见的罐藏容器

罐藏容器是盛装食品的重要器具，对罐头食品的长期保存具有非常重要的作用。由于容器的材料对食品保存及人体健康而言至关重要，因此罐头容器必须满足对人体无害、不能与食品发生化学反应、密封性能好、抗腐蚀性、便于工业化生产、耐冲压、携带和食用方便等要求。常见的罐头容器包括：

● **金属罐** 金属罐的特点是阻隔性好、耐热、传热性好、机械强度大、可视性差、不耐腐蚀、成本较高。如图 3—4a 所示。

● **玻璃罐** 玻璃罐的优点是价格便宜，透明，耐腐蚀，易回收，但传热性能不如金属罐；缺点是较重，易破碎。如图 3—4b 所示。

● **蒸煮袋** 蒸煮袋的优点是重量轻，携带方便，成本低；但阻隔性差，易造成环境污染。如图 3—4c 所示。

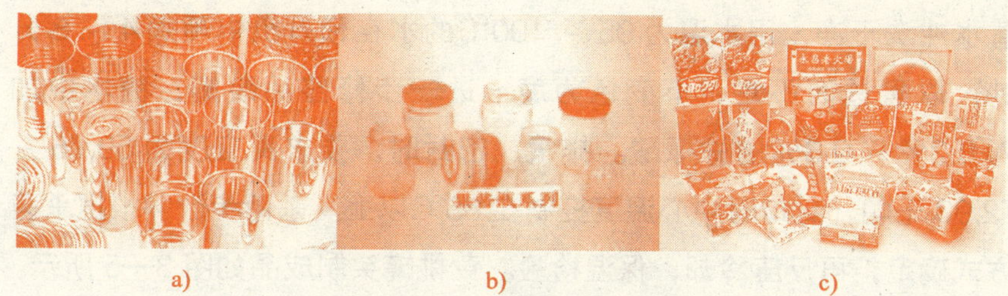

a)　　b)　　c)

图 3—4　常见罐头容器

a）马口铁罐头　b）玻璃罐头　c）蒸煮袋

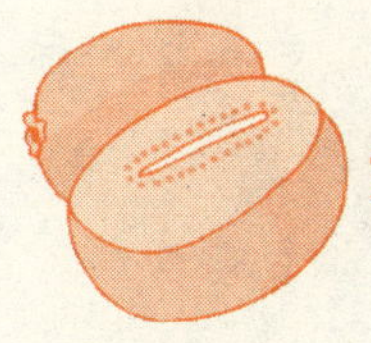

黄桃罐头加工实例

● **原料要求**　果肉的色泽应为金黄色或橙黄色，肉质要求不溶质，种核应粘核。此外，罐藏用桃还要求果实横径在 55 毫米以上（个别品种可在 50 毫米以上），果形圆整，核小肉厚，可食率高；风味好，无显著涩味和异味，香气浓。我国用于罐藏的黄桃品种有黄露、丰黄、连黄、橙香、橙艳、爱保太黄桃和日本引进的罐桃 5 号、罐桃 14 号、明星等。

● **工艺流程**　工艺流程包括：原料选择→分级→切分→去核、去皮→预煮、冷却→修整→清洗→装罐→排气、密封→杀菌→冷却→成品

● **操作要点**　选果时要选适宜的黄桃果实，对开切成两半后放入清水或盐水中护色，用去核机去核，再加入 3% ~ 5% 的氢氧化钠溶液，控制温度在 90 ~ 95℃，时间为 50 ~ 80 秒，以热碱去皮，再用

清水冲洗干净；用水温为 95 ~ 100℃的水在预煮机中预煮 4 ~ 8 分钟，以煮透而不烂、不变色为度；进一步修整后装罐，糖水中加入 0.2% ~ 0.3% 的柠檬酸。排气、密封时，要求真空度为 59.76 ~ 72.93 千帕，封口时中心温度控制在 85℃以上。杀菌参数需根据杀菌方式确定，再反压冷却，保温检验。黄桃罐头制成品如图 3—5 所示。

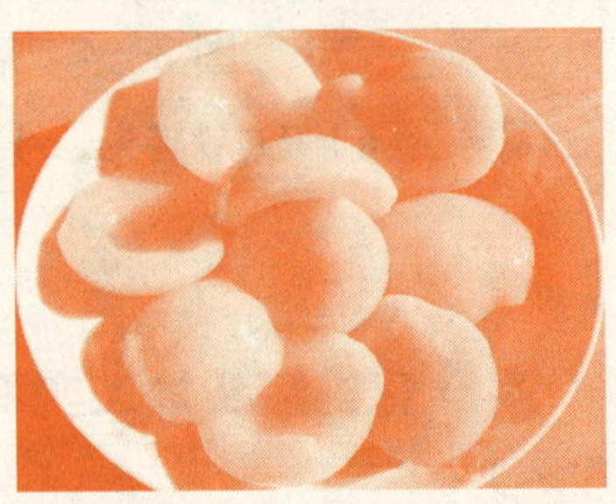

图 3—5　黄桃罐头

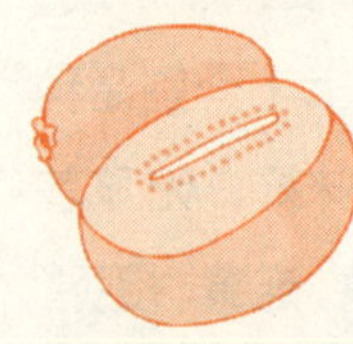

柑橘罐头加工实例

● **原料要求**　应选用容易剥皮、砂囊紧密、色泽鲜艳、香味浓郁、糖分含量高、糖酸比例合适的柑橘。选用的柑橘应果形扁圆、大小适中、形状接近半圆形且整齐、容易分囊、种子少或无种子，果皮薄，橙皮苷含量低，果实横径 50 ~ 70 毫米（重 50 ~ 100 克），耐热力强，耐储运，充分成熟。

● **工艺流程**　原料选择→剥皮分瓣→流槽处理→网带选剔→计

量装罐→配汤→装罐、封罐→杀菌→冷却→成品

● **操作要点** 原料选取时应剔除品种不符合的果实以及烂果、干瘪果、畸形果等不符合规格的原料，用流动水清洗果实，并进行热烫。再经去皮、分瓣后进行稀酸处理，桔瓣在酸流槽中与酸作用时间为 25 ~ 35 秒，处理完毕用清水洗净，再将桔瓣置于碱流槽中与碱作用 10 ~ 15 秒，再用清水进一步清洗后装罐，要求每罐大小均匀。柑橘罐头制成品如图 3—6 所示。

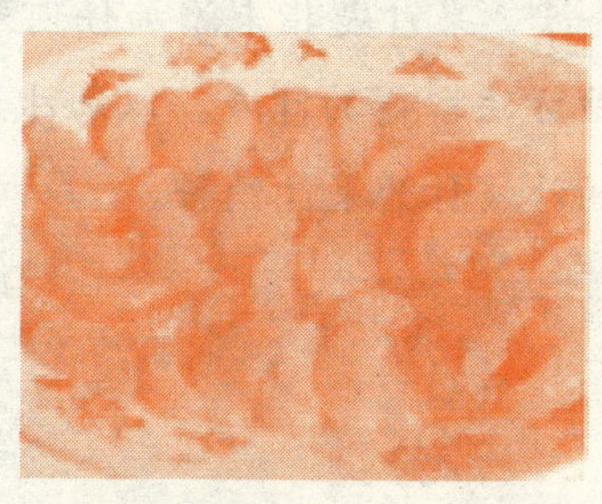

图 3—6 柑橘罐头

专家建议

◆ 罐头加工中，最重要的工艺在于灭菌。这也是罐头能够在常温下长期保存的一个重要原因。因此，在灭菌工艺中，必须控制杀菌温度和时间。

◆ 罐头是通过完全杀灭微生物来达到长期保存的目的的，因此不需要添加任何添加剂。

话题 2 果汁加工技术与工艺

导读　果汁是指未添加任何外来物质，直接从新鲜水果中压榨或用其他方法取得的汁液。以果汁为基础，加水、糖、酸或香料等调配而成的汁液称为果汁饮料。

果汁分类

果汁种类纷繁多样，可根据工艺、原料等条件进行区分，表3—1介绍的是果汁类饮料的分类标准。

表3—1　　果汁类饮料的分类标准

果汁	包括原料水果用机械加工方法制得的未发酵制品和采用渗透或浸提工艺及浓缩果汁加水制得的制品
浓缩果汁	从原果汁中除去一定比例的天然水分后所得的制品
原果浆	水果可食部分用打浆工艺制得，未去除汁液的、未发酵过的、具有该种水果原有特征的浆状制品

续表

浓缩果浆	用物理分离方法从原果浆中除去一定比例的天然水分所得的酱状制品
水果汁	原果汁（或浓缩果汁）经糖液、酸味剂等调制而成的能直接饮用的制品，其原汁含量不少于 40%
果肉果汁饮料	原果汁（或浓缩果汁）经糖液、酸味剂等调制而成的制品，其原果浆含量不少于 35%；可溶性固形物不少于 13%
高糖果汁饮料	原果汁（或浓缩果汁）经糖液、酸味剂等调制而成的、含糖较高的稀释后饮用的制品
果粒果汁饮料	原果汁（或浓缩果汁）中加入柑橘类或其他水果经切细的果肉、经糖液、酸味剂等调制而成的制品
果汁饮料	原果汁（或浓缩果汁）经糖液、酸味剂等调制而成的制品，其原果汁含量不少于 10%
果汁水	原果汁（或浓缩果汁）经糖液、酸味剂等调制而成的制品，其原果汁含量不少于 5%

果汁加工基本工艺及设备

不同果汁饮料的加工过程中都存在一些共同的基本工艺及相关设备，在此具体介绍如下：

1. 清洗

● 为减少农药污染，可用一定浓度的盐酸或氢氧化钠溶液浸泡（一般在 500 毫升的清水中加入食用碱 5 ~ 10 克配制成碱水），然后后用清水冲洗；对于微生物污染，可用 0.2% 的漂白粉或 0.1% 的高锰酸钾溶液浸泡 5 ~ 10 分钟，然后用清水冲洗干净。此外，还需注意洗涤用水的清洁，不用重复的循环水洗涤。

● 目前常用的清洗设备主要有鼓风式清洗设备、滚筒式清洗机、震动式喷洗机、水果刷洗设备等，如图 3—7 所示。

图 3—7 常用清洁设备

a）鼓风式清洗机 b）滚筒式清洗机

c）震动式喷洗机 d）水果刷洗机

2. 破碎

● 破碎加工是为了提高出汁率，破碎程度视果品种类不同而异。苹果、梨、凤梨等用辊压机破碎时，碎片直径以 3 ~ 4 毫米大小为宜；草莓和葡萄以 2 ~ 3 毫米为好；樱桃可破碎成 5 毫米；番茄等浆果可大些，只需破碎成几块即可。

● 果品破碎一般用破碎机或磨碎机（见图 3—8）进行，有辊压式破碎机、捶磨式破碎机和打浆机等，视不同果品种类而定。如番茄、梨、杏宜采用辊压式破碎机；葡萄采用联合破碎去梗送浆机；桃可采用打浆机。

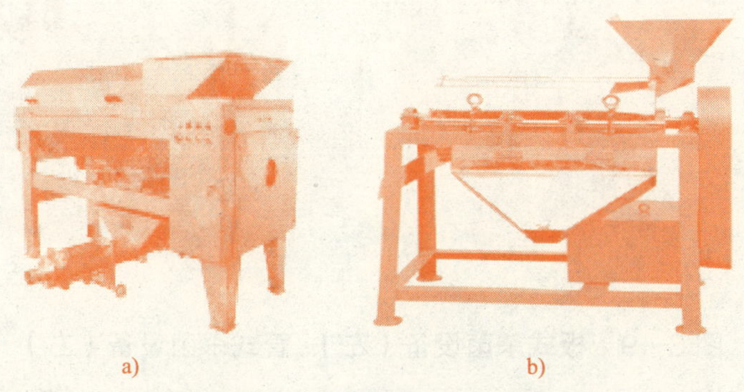

a)　　b)

图 3—8　破碎机、磨碎机

a）破碎机　b）磨碎机

3. 杀菌

果品中存在各种微生物（细菌、霉菌和酵母），它们会使果品腐败变质；同时，还存在着各种酶，使水果制品的色泽、风味和流变性发生变化。杀菌可以起到杀灭有害微生物和钝化酶活性，延长保质期，改良产品形态的作用。常用的杀菌方法有：高温或巴氏杀菌，视产品种类、酸碱度、容器大小决定杀菌条件，一般在 60 ~ 100℃；高温瞬时杀菌，对产品品质影响小，一般采用条件为（93±2）℃保持 15 ~ 30 秒钟。由于此法对果汁风味、色泽保持较好，特别是对维生素 C 保存效率高而被广泛采用。

目前，常用的果汁杀菌设备有板式杀菌设备、管式杀菌设备等，如图 3—9 所示。

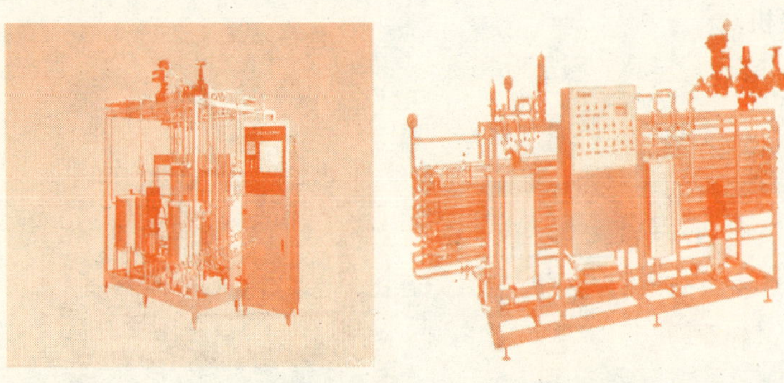

图 3—9　板式杀菌设备（左）、管式杀菌设备（右）

4. 灌装

● 灌装分冷灌装和热灌装两种。冷灌装即灌装前对物料进行超高温瞬时杀菌，冷却后进行灌装，如冷冻浓缩果汁和一些冷藏果汁。大多果汁都趁热灌装或灌装后杀菌。

● 常用的灌装设备大致分为热灌装设备和冷灌装设备两类，如图 3—10 所示。

a)

b)

图 3—10　灌装设备

a）热灌装设备　b）冷灌装设备

果汁加工中常见的问题及处理方法

1. 果汁败坏

● **果汁败坏的表现**　果汁败坏主要指果汁表面长霉、发酵，同时产生酒精和二氧化碳，或产生醋酸等。主要原因有细菌、酵母和霉菌的危害。

● **处理方法**　避免果汁败坏，须采用新鲜、无霉烂、无病害的原料榨汁。注意原料榨汁前的洗涤，尽量减少果实外表微生物，严格生产和设备管理，注意保持容器、工具的清洁卫生，防止半成品积压等。

2. 风味的变化

● 浓度越高的果汁，风味变化越突出。

● **处理方法**　风味变化与非酶褐变形成的褐色物质有关。柑橘类果汁风味变化与温度有关，4℃下储藏，风味变化缓慢。

半成品积压得太多了，先停一停吧。

3. 营养成分变化

● 不同储藏温度对果汁中维生素 C 的保存有很大影响。汁液中类胡萝卜素、花青素和黄酮类色素受储藏温度、储藏时间、氧气、光和金属含量的影响会发生降解。

● **处理方法**　适宜低温储藏，储藏期不宜过长，避光，隔氧，采用不锈钢设备、管道、工具和容器，防止有害金属污染。

4. 罐内壁腐蚀

● 果汁一般为酸性食品，对马口铁有腐蚀作用。

● **处理方法**　提高罐内真空度，采用软罐包装，降低储藏温度等均可防止罐内壁腐蚀。

混浊果汁的稳定性及处理方法

1. 混浊果汁的稳定性

混浊果汁，特别是瓶装混浊果汁或带肉果汁，易出现混浊现象。因此，保持均匀一致的质地对果汁品质至关重要。

2. 处理方法

使混浊物质稳定，要使其沉降速度尽可能降低，具体从以下方面着手。

● **降低颗粒的体积**　降低颗粒的体积可采用机械均质、超声波均质和胶体磨处理的方法。近来也有对苹果、甜瓜等果品果肉加入一种纤维素酶和果胶酶的混合物进行处理，再进行均质处理，可进一步降低颗粒体积。

● **增加分散介质的黏度** 黏度取决于果胶含量，因此需尽快钝化果胶酶。另外，通过添加一些胶体物质来增加稠度也是一种有效手段。果胶、黄原胶、脂肪酸甘油酯等都可作为食用胶加入。

● **降低颗粒和液体间的密度差** 加入高酯化和亲水的果胶分子作为保护分子包埋颗粒，可降低密度差；相反，气泡和空气夹杂物会提高密度差，从该角度看也需脱气。

柑橘类果汁的苦味与脱苦

1. 柑橘类果汁的苦味

柑橘类果汁加工过程中或加工后易产生苦味，主要原因在于柑橘类水果在加工制作过程中产生的苦味物质。这些苦味物质的主要成分是黄烷酮糖苷类和三萜类化合物。属于前一类的有柚皮苷、橙皮苷、枸橘苷等，称前苦味物质；后一类有柠檬苦素、诺米林等，称后苦味物质。前苦味物质存在于白皮层、种子、囊衣中，后苦味物质是橙类果汁的主要苦味物质，在果汁加工中表现为所谓的“迟发苦味”，即后苦味。

2. 处理方法

● **选择优质原料** 应选择苦味物质含量少的种类、品种为原料，并要求果实充分成熟。

● **改进取汁方法** 压榨取汁时应尽量减少苦味物质的融入，应防止种子被压榨，最好采用柑橘专用挤压锥汁设备取汁以代替切半锥汁。此外，还应注意缩短悬浮果浆与果汁的接触时间。

● **酶法脱苦** 采用柚皮苷酶和柠碱前体脱氢酶处理，以水解苦味物质，可有效减轻苦味。

● **吸附或隐蔽脱苦** 采用聚乙烯吡咯烷酮、尼龙 –66 等吸附剂可有效吸附苦味物质；添加蔗糖、β – 环状糊精、新地奥明和二氢查尔酮等物质，可提高苦味物质的苦味阈值，起到隐蔽苦味的作用。

果汁加工实例

1. 苹果澄清汁、浓缩汁 (见图 3—11、图 3—12)

● **适宜品种** 大多晚熟品种均可制汁，以小国光、红豆、醉露、君袖、元帅、金冠等品种为优。

● **工艺流程** 原料→分选→清洗→破碎→压榨→粗滤→澄清→精滤→调整、混合→杀菌→灌装→冷却→成品。

● **操作要点** 进厂的苹果应保证无腐烂，在水中浸泡和喷淋清水洗涤，也有用 1% 的氢氧化钠和 0.1% ~ 0.2% 的洗涤剂浸泡清洗的方法。用苹果磨碎机或锤击式破碎机破碎至 3 ~ 8 毫米大小的碎片，然后用压

图 3—11 苹果澄清汁

图 3—12 苹果浓缩汁

榨机压制。苹果汁制取常用连续的液压传动压榨机，也可用板框式压榨机或连续螺旋压榨机。苹果汁采用明胶单宁法澄清，单宁 0.1 克 / 升、明胶 0.2 克 / 升，加入后在 10 ~ 15℃下静置 6 ~ 12 小时，取上清液和下部沉淀分别过滤。现代苹果汁生产采用酶法和酶、明胶单宁联合澄清法。苹果汁可用硅藻土过滤机和超滤机进行精滤。直饮式苹果汁常控制可溶性固形物 12% 左右、酸 0.4% 左右，在 93.3℃以上进行杀菌。

澄清苹果汁常加工成 68% ~ 70% 的浓缩汁，然后在 -10℃左右冷藏。浓缩苹果汁使用大容量车运输，用于加工果汁和饮料。

2. 果肉汁（见图 3—13、图 3—14）

● **适宜品种** 苹果、桃、梨、李、杏、浆果类及香蕉、芒果等热带水果均可用来加工带肉果汁。

● **工艺流程** 原料→清洗→分选→去核、破碎→加热→打浆→混合调配→均质→脱气→杀菌→灌装（杀菌）→成品。

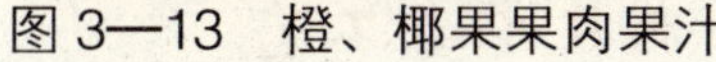
图 3—13　橙、椰果果肉果汁

图 3—14　蓝莓果肉汁

● **操作要点**　果品需充分洗净，用专用破碎机破碎，核果类需去核，破碎颗粒在 6 毫米。仁果类、核果类等破碎后立即加热至 90℃以上，保持 6 分钟，梨、李等则需 15 ~ 20 分钟，草莓在 70 ~ 75℃下 6 分钟，树莓则不需加热。加热后的果肉通过打浆机打浆，筛孔保持在 0.4 ~ 0.5 毫米。许多果浆还需用胶体磨磨细。这种果浆可作中间产品，大罐储存或防腐剂保存，也可制成成品。

带肉果汁的果浆含量为 30% ~ 50%，此外，还需加入糖、柠檬酸、维生素 C 和果胶等调成溶液。混合带肉果汁是目前的发展方向，如李子与苹果混合，杏、甜樱桃与草莓混合等。

配制混合后的产品在 10 ~ 30 兆帕压力下进行均质处理，之后真空脱气，在（115±2）℃下经 40 ~ 60 秒钟高温瞬时杀菌，冷却至 95 ~ 98℃，灌装于消毒过的瓶、罐及其他容器中，灌装温度不得低于 90℃。冷却至 45℃下。带肉果汁也有完全采用先灌装后杀菌的工艺的。

专家建议

◆ 绝大多数果汁的糖酸比为 13:1 ～ 15:1，果汁饮料的糖酸比一般大于果汁。

◆ 储藏温度对果汁风味、营养成分等有很大影响，建议在4℃下储藏。

话题 3 果品干制技术与工艺

导读 干制是干燥和脱水的统称。果品干制在果品加工业中占有重要地位。果品干制后重量大为减轻，体积显著缩小，便于运输，食用方便，产品营养丰富又易于长期保存。果品干制技术和设备可简可繁，便于掌握和应用。

本话题主要介绍目前最常用的果品干制技术及其注意事项。

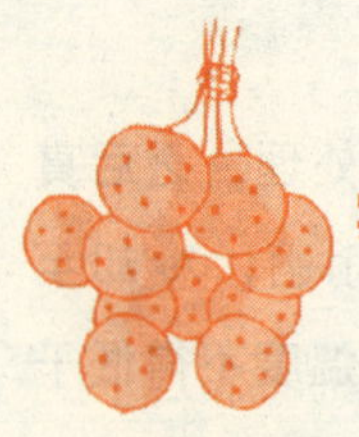

实用干制技术与设备

目前常用的干制方法主要有两类，即自然干制和人工干制。

1. 自然干制

● 自然干制指利用自然条件，如太阳辐射、热风等使果品干燥，包括晒干和风干，一般包括太阳辐射的干燥作用和空气的干燥作用两个基本因素。太阳光的干燥能力和果品原料水分蒸发的速度主要取决于阳光照射到果品表面的辐射强度，这种因子在自然环境条件下人力无法控制，只有通过对晒场位置的选择及在晒制管理上加以注意来提高晒干的效率和产品质量。

● 该方法管理粗放，生产成本低。但自然干制速度缓慢，产品质量难以控制，不易干制到理想含水要求，且受气候限制，常因阴雨天气致使产品大量腐烂损失。

● 自然干制简便易行,仅需晒场和简陋的晒具。如图 3—15 所示。

2. 人工干制

● 人工干制是人工控制脱水条件的干燥方法。目前采用较多的方法有热风干制、隧道干制、滚筒干制、泡沫干制、喷雾干制、溶剂干制、薄膜干制、加压干制及冷冻干制等。

● 该方法不受气候条件限制，可大大加快干制速度，缩短干制时间，降低腐烂率，在获得高质量产品的同时能提高产品等级和商品价值。但人工干制需干制设备，加上必要的附属用房和能源消耗等，成本较高，技术较复杂。

● 目前国内外人工干燥设备的形状、大小、热作用方式、载热体种类各有不同，其中决定干燥设备结构特征和操作原理的最主要因素是烘干时的热作用方式。根据作用方式可将干燥设备进行分类，见表 3—2。

再不出太阳就
全烂了……

图 3—15　自然干制晒场

表 3—2　　　　干燥设备分类

<table>
<tr><td rowspan="11">干燥设备</td><td colspan="2" rowspan="3">热空气对流干燥设备
（见图 3—16）</td><td>热水或蒸汽加热</td></tr>
<tr><td>电加热</td></tr>
<tr><td>烟道气加热</td></tr>
<tr><td rowspan="5">红外线干燥机
（见图 3—17）</td><td rowspan="2">灯泡</td><td>普通红外线干燥</td></tr>
<tr><td>碘钨灯</td></tr>
<tr><td rowspan="3">暗辐射</td><td>管状加热器</td></tr>
<tr><td>板状加热器</td></tr>
<tr><td>煤气红外线</td></tr>
<tr><td colspan="2" rowspan="2">电磁感应式干燥</td><td>磁控管微波加热器（见图 3—18）</td></tr>
<tr><td>电频电流加热器</td></tr>
<tr><td>其他</td><td colspan="2">冷冻升华干燥机（见图 3—19）、太阳能升温干燥机、超声波干燥机</td></tr>
</table>

图 3—16　热空气对流干燥设备

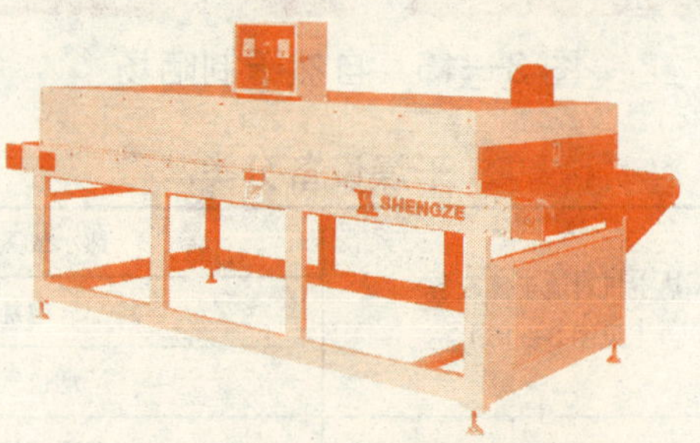

图 3—17　红外线干燥机

图 3—18　磁控管微波干燥机

图 3—19　冷冻升华干燥机

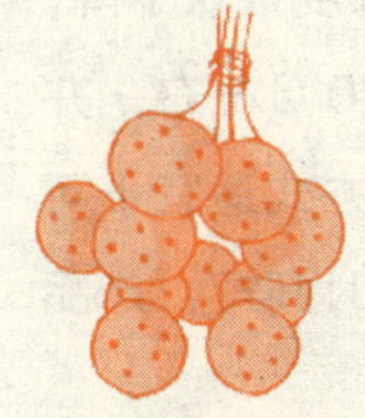

果品干制工艺流程及操作要点

1. 原料处理

● **原料选择**　原料选择的一般要求是干物质含量高，肉质厚，组织致密，粗纤维少，风味色泽好，不易褐变。

● **原料处理**　原料处理一般包括清洗、去皮、热烫和硫处理等。硫处理常采用两种方式：一是在熏硫室中燃烧硫黄进行熏蒸；二是将原料在 0.2% ~ 0.5%（以有效 SO_2 计）的亚硫酸盐溶液中浸渍。熏硫效果要好于浸硫。

2. 干制过程中的管理

（1）温度管理　不同种类果品采用不同的升温方式，大致可分为以下三种情形。

● 在整个干燥期间，烘房内温度初期较低，中期较高，后期温度降低直至干燥结束。该方式适宜于可溶性物质含量高或切分成大块及需整形干制的果品。原料进烘房后升温 6 ~ 8 小时使烘房内温度平稳上升至 55 ~ 60℃，此温度下维持 5 ~ 8 小时，再将温度升至 65 ~ 70℃，维持 4 ~ 6 小时，最后使温度逐步下降至 50℃，直到干燥结束。该方法操作简单，干制后成品质量好，生产成本低，目前被普遍采用。

● 在整个干燥期间，初期急剧升高烘房温度，最高达 95 ~ 100℃；然后放进原料。由于原料大量吸热，而使烘房温度很快下降，一般降温 25 ~ 30℃；此时继续升温使烘房温度升至 70℃左右，并维持一段时间；根据产品干燥状态逐步降温至烘干。该方式适宜于可溶性物质含量低或切成薄片、细丝的原料的干制。干燥时间短，产品质量高，但技术较难。

● 在整个干燥期间，温度维持在 55 ~ 60℃的恒定水平，直至烘干临近结束时再逐步降温。该方式对封闭不太严，升温设备差、升温较困难的烘房最适用。但干燥时间过长，耗煤量较多。

（2）通风排湿 当烘房内相对湿度达 70% 时，应通风排湿。其方法和时间要根据烘房内相对湿度的高低和外界风力大小来决定。一般每次通风时间以 10 ~ 15 分钟为宜。过短，排湿不足；过长，室内温度下降过多。通风排湿后，烘房内温度极易升高，应特别注意防止产品焦化。

（3）倒换烘盘 靠近主火道和炉灶所烘的原料一般易于干燥。为了使成品干燥度一致，应在干燥过程中倒换烘盘。可将烘架最下部的第 1 ~ 2 层的烘盘与第 4 ~ 6 层的烘盘互换位置，在倒换烘盘的同时

要经常倒换烘盘。

要翻动原料。

（4）掌握干燥时间 何时结束干燥取决于原料的干燥程度。一般情况下，烘制产品应达到其所要求的标准含水量或略低于标准含水量。

3. 干制品包装

（1）包装前的处理 果品干制后，一般需经一些技术处理（如回软和防虫处理）才能包装和保存。

①回软 回软又称为均湿或水分的平衡，其目的是使制品变韧以及水分分布均匀一致。由于干制后所得的干制品水分分布并不一致，若干燥后立即包装，则表面部分易从空气中吸收水汽，使总含水量增加，可能导致成品腐烂。所以，需在干燥后放冷产品，然后将干制品在密闭室内或容器内堆放，使干制品内、外部及干制品间水分进行扩散和重新分布，最后趋于一致。回软所需时间为 2 ~ 3 周。

②防虫处理 干制果品易遭受虫害，所以必须进行防虫处理，以保证储藏安全。具体方法如下：

- **物理防虫法** 物理防虫法是通过环境因素中的某些物理因子（如温度、氧、放射线等）的作用达到抑制或杀灭害虫的目的。具体分为：

低温杀虫的有效低温应在 -15℃以下，但该条件较难实现。可将干制品储藏在 2 ~ 10℃条件下，抑制虫卵发育，延迟害虫出现。高温杀虫将干制果品在 75 ~ 80℃温度下处理 10 ~ 15 分钟后立即冷却。对于干燥过度的果品可用热蒸汽处理 2 ~ 5 分钟，既可杀虫，还可使产品肉质柔软、改善外观。

- **高频加热和微波加热杀虫** 高频加热和微波加热杀虫是利用

微波与物料直接相互作用，将超高频电磁波转化为热能的过程。微波对细菌膜断面的电位分布影响细胞膜周围电子和离子浓度，从而改变细胞膜的通透性能，细菌因此营养不良，不能正常新陈代谢，生长发育受阻而死亡。此法操作简便，杀虫效率高。

● **气调杀虫**　利用降低氧含量的方法使害虫因得不到维持生命活动所需的氧气而窒息死亡。不同于气调储藏法，气调杀虫常采用常温。采用真空包装、充氮气或充二氧化碳等可降低氧浓度。该法不具有残毒，也便于操作，是一种新的杀虫技术，有广阔前景。

● **化学药剂杀虫法**　化学药剂杀虫法是用化学物质杀虫的方法，该法能迅速、有效杀灭害虫，并具有预防害虫再次侵害食品的作用。由于干制品本身的特点，使用水溶液杀虫剂有增加湿度的危险，故干制品化学杀虫多采用熏蒸剂杀虫。常用的熏蒸剂有：二氧化硫、溴代甲烷等。但这种杀虫方法易造成污染，影响食品卫生质量，建议不使用这种方法杀虫。

（2）包装

● **包装要求**　包装能防止脱水果品的吸湿回潮，避免结块和长霉；能使干制品在常温、90% 相对湿度环境中 6 个月内水分含量不超过 1%；能避光和隔氧；包装形态、大小及外观有利于商品销售。但用于包装的材料应符合卫生要求。

● **常用包装材料**　常用于包装的材料主要有纸箱、纸盒、金属罐、塑料薄膜及复合薄膜袋等。纸箱和纸盒是干制品常用的包装容器。大多数干制品用纸箱或纸盒包装时还衬有防潮纸和涂蜡纸以防潮。金属罐是较为理想的容器，具有防潮、密封、防虫和牢固耐用等特点，适合果汁粉等产品的包装。塑料薄膜袋及复合薄膜袋由于密封性好，且不透湿、不透气，铝箔复合袋还不透光，适合各类干制品包装，使用日渐普遍。有时在包装内附装干燥剂、抗结剂以增加干制品储藏的稳定性。干燥剂种类有硅胶和生石灰，可用能透湿的纸袋包装后放于干制品包装内，以免污染食品。

4. 干制品储藏

● 干制品储藏温度以 0 ~ 2℃为宜，一般不宜超过 10 ~ 14℃。高温会加速干制品变质。

● 储藏环境中的相对湿度最好在 65% 以下，空气越干燥越好。

● 光线会促使干制品变色并失去香味，还能造成维生素 C 的破坏。因此，干制品应避光储藏。

● 空气的存在也会导致果品干制品被破坏，采用包装内附装除氧剂，可得到较理想的储藏效果。

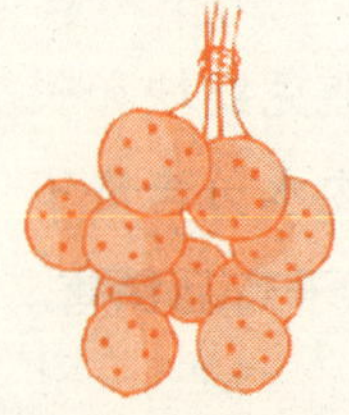

果品干制加工注意事项

1. 颜色的变化

果品在干制过程中常出现颜色变黄、变褐甚至变黑现象，称之为褐变。褐变包括三类：一是在氧化酶催化下的酶促褐变，二是果品中维生素 C 氧化以及内源的糖类物质与氨基酸反应造成非酶褐变，三是因某些果品中存在的内源呈色物质的降解而造成的干制果品的褐变。

解决措施主要有以下几种方法。

(1) 抑制酶促褐变

● **加热处理** 热烫是一种有效的传统预处理方法，利用酶蛋白受热变性的原理使催生褐变的酶失去活性从而失去催化反应功能，以此来抑制褐变。大多氧化酶在 90 ~ 95℃下 7 秒便可失活。因此，干制前对原料进行热烫处理是非常必要的。

● **使用螯合剂** 最理想的螯合剂是用抗坏血酸（维生素 C）及其各种异构体作为螯合剂。抗坏血酸既可作为醌的还原剂，又可作为酶分子中铜离子的螯合剂。将抗坏血酸液浸涂于切块的果品组织表面，抗坏血酸在自动氧化过程中能消耗果品切面组织中的氧，在表面生成一层氧化态抗坏血酸阻隔层。该方法要求加入足量的抗坏血酸并在较低温度下进行。EDTA 和 EDTA 二钠钙也可用作螯合剂防止酶促褐变。

● **硫处理** 硫处理可使用二氧化硫和亚硫酸钠。二氧化硫效果更好，因其穿透果品组织的速度更快。亚硫酸钠 的抑制效果取决于亚硫酸钠的浓度及反应体系中酶的性质和浓度。

● **调节 pH 值** 添加某些酸（如柠檬酸、苹果酸和磷酸）可降低果品的 pH 值，在某种程度上可抑制褐变。一般将 pH 值控制在 3 以下酚酶的活性就可完全丧失。然而为了保持个别产品的感官性状，使用几种酸的复合溶液比使用单一酸抑制褐变的效果好。

● **排除空气** 采用真空渗入法把糖水或盐水渗入到果品组织内部，驱除空气，也可以达到防止褐变的目的。苹果、梨等果肉组织间隙中气体较多的果实宜采用此法。

（2）抑制非酶褐变

● **硫处理**　硫处理对非酶褐变有抑制作用，这是因为二氧化硫与不饱和糖反应形成的磺酸，可减少黑蛋白素形成。

● **半胱氨酸**　半胱氨酸与还原糖反应可生成无色化合物，从而抑制褐变。此外，其还可以作为一种营养补充剂，而且不存在限制使用问题。

● **金属离子**　一般情况下，果品中的铜和铁可以促进褐变，所以添加植酸、柠檬酸等螯合剂，有降低果品中此类物质含量的功效，可减少褐变。

（3）减少内源呈色物质的降解

温度是影响果品内源色素稳定性的一个重要因素，对花色苷的降解有显著影响。减少内源呈色物质降解的方法是控制温度。

2. 透明度变化

干制品越透明质量越好。干制前进行热烫处理，既可排除果品细胞内的空气，减少氧化作用，又可增加制品透明度。

3. 表面硬化现象

表面硬化是果品表面收缩和封闭的一种特殊现象，当干制速率很高时，内部水分来不及转移到果品表面，可使果品表面迅速形成一层干燥薄膜。干燥薄膜的渗透性极低，以致能将大部分残留水分保留在果品内，使干燥速率急剧下降。

产生该现象的原因：

● 一是果品在干燥时，内部溶质成分随水分不断向果品表面迁移、不断积累在果品表面形成结晶。该现象常存在于含糖或含盐多的果品的干燥过程中，能封闭干制时果品内水分上升到果品表面而蒸发通过的微孔和裂缝从而引起硬化，此种现象不可人为控制。

● 二是由于果品表面干燥过于强烈，水分蒸发快，因而内部水分不能及时迁移到果品表面，而果品表面迅速形成一层干硬膜的现象。该现象与干燥条件有关，是可以进行人为控制的。

4. 果品内多孔性形成

对果品进行真空干燥时，高度真空会促使水蒸气迅速蒸发并向外扩散，从而形成多孔性制品。目前，有不少干燥技术或干燥前处理力求促使果品能形成多孔性结构，以便有利于质的传递，加速果品的干燥速度。但实际上多孔性海绵结构为最好的绝热体，会减慢热量的传递。为此，在真空干燥器内部装置微波红热、远红外等供热热源，可改善热传递，提高干燥速度。多孔性果品制品的主要优点是组织疏松，能迅速复水和溶解。

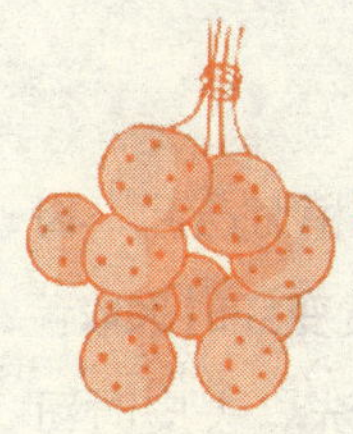

果品干制加工实例

1. 葡萄干制

（1）原料选择 用于干制的葡萄应选用皮薄、果肉丰满、粒大、含糖量高（20% 以上），并达到充分成熟的果实。

（2）预处理　进行人工干制的葡萄都要经过碱处理，然后熏硫。具体操作为：浸泡，浸入1%～3%的氢氧化钠溶液5～10秒钟，使果皮外层蜡质破坏并出现皱纹。用清水冲洗三四次，置木盘上沥干。熏硫，将木盘放入密闭室，按每吨葡萄用硫黄1.5～2千克的比例，熏制3～4小时。

（3）干燥

● 自然干燥　将处理后的葡萄装入晒盘内，在阳光下暴晒10天左右，用一空晒盘罩在有葡萄的晒盘上，快速翻转倒盘，继续晒到果粒干缩，手捏不出汁时，再阴干1周，直到葡萄干含水量达15%～17%时为止。全部晒干时间为20～25天，浸碱处理后可缩短一半干燥时间。

● 人工干燥　将处理好的葡萄装入烘盘，使用逆流干制机干燥。初期温度为45～50℃，终末温度为70～75℃，终点相对湿度为25%，干燥时间为16～24小时。

葡萄干制品如图3—20所示。

2. 柿果干制

（1）原料选择　宜选个头大、形状端正、果顶平坦或稍有凸起、肉质柔软、含糖量高、无核或少核的柿子品种。柿果应在由黄变红时采收。

（2）去皮　去皮前需先将柿果进行挑选、分级和清洗。去皮时可人工刮皮或借助旋床刮刀去皮。

（3）熏硫　去皮后的柿果按250克鲜果用硫黄10～20克的比例置密闭室内熏蒸10～15分钟。

手捏不出汁了，再阴干1周差不多就可以了……

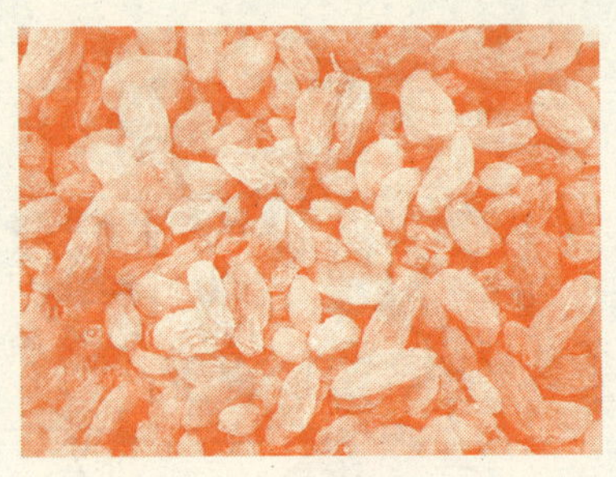

图 3—20　葡萄干制品

（4）干燥

● **自然干燥晾晒**　选通风透光、日照长的地方，用木桩搭成 1.5 米高的晒架，上覆晒帘，将去皮柿果果顶向上摆在帘子上进行日晒。如遇雨天，可用聚乙烯塑料薄膜覆盖，切不可堆放，以防腐烂。

● **捏饼**　晾晒 8 ~ 10 天，待果实变软、表面发皱后，将柿果收回堆放起来，用席或麻袋覆盖，进行“发汗”处理。3 天后进行第一次捏饼，直至将内部捏烂，软核捏散或柿核歪斜为止。捏饼后，第二次铺开晾晒 4 ~ 6 天，再收回堆放发汗，2 ~ 3 天后第二次捏饼。第二次捏饼时应边捏边转，捏成中间薄、四周高起的蝶形。接着再晾晒 3 ~ 4 天，堆放“发汗”1 天，整形 1 次，最后再晾晒 3 ~ 4 天。

● **上霜**　柿霜的主要成分是甘露醇、葡萄糖和果糖。出霜的过程如下：在缸底铺一层干柿皮，上面排放一层柿饼，再在柿果上放上一层干柿皮。如此层层相间铺放，封好缸口，置阴凉处约 10 天即可出现柿霜。

● **人工干燥**　初期温度维持 40 ~ 50℃，每隔 2 小时通风一次；

每次通风 15 ~ 20 分钟。第一阶段干燥需 12 ~ 18 小时，果面稍呈白色时进行第一次捏饼。然后使室温稳定在 50℃左右，烘烤 20 小时，当果面出现纵向皱纹时，进行第二次捏饼。两次烘制时间共需 27 ~ 33 小时。再进一步干燥至总干燥时间 37 ~ 43 小时，进行第三次捏饼，并定型。再需干燥 10 ~ 15 小时，至含水量达 36% ~ 38% 时结束。最后堆捂上霜。

柿子干制品如图 3—21 所示。

图 3—21　柿子干制品

3. 苹果干制

（1）原料选择与处理　选择肉质致密、可溶性固形物含量高的品种，如小国光、红玉等，切成 7 ~ 8 毫米厚的圆片，送到熏硫室进行熏硫，每 1 000 千克苹果用硫黄 2 千克。

（2）干燥

● 苹果自然晒制往往出现变黑现象从而影响品质，所以多采用人工干制。开始用 80 ~ 85℃温度干燥，以后逐渐降温至 50 ~ 55℃。干制时间为 5 ~ 6 小时，以用手紧握再松手互不粘着，且富有弹性为度。

- 干制后的苹果制品含水量为 20% ~ 22%。
- 苹果干燥结束，应进行回软处理。

专家提示

◆ 干制果品的含水量应控制在 15% ～ 25%。

◆ 根据干制品种类的不同，干燥介质的温度各有差异，一般为 40 ～ 90℃。

◆ 干制品储藏温度以 0 ～ 2℃为宜，一般不超过 10 ～ 14℃；储藏相对湿度最好在 65% 以下，空气越干燥越好。

话题4 果品糖制技术与工艺

导读　果品糖制是利用高浓度糖液的渗透脱水作用将鲜果加工成糖制品的加工技术。果品糖制在我国已有悠久的历史。最早的糖制果品是利用蜂蜜糖渍饯制而成的，并被冠以“蜜”字，也就是人们所熟知的蜜饯。糖制果品具有高糖、高酸等特点，不仅改善了原料的食用品质，赋予产品良好的色泽和风味，而且提高了产品在保存和运输期间的品质和耐储性。

糖制果品的分类

按照加工方法和产品形态，可将糖制果品分为蜜饯和果酱两大类。

1. 蜜饯类

（1）按产品形态及风味分类 糖制的成品有些需进行烘干处理，有些则不需要烘干。根据成品含水量的不同，可将蜜饯类产品分为以下三种：

图 3—22 湿态蜜饯——蜜金橘

● **湿态蜜饯** 果品原料糖制后，按罐藏原理保存于高浓度糖液中，果形完整、饱满，质地细软，味美，呈半透明状态，如蜜饯樱桃、蜜金橘（见图 3—22）、蜜饯海棠等。

● **干态蜜饯** 糖制后晾干或烘干，不粘手，外干内湿，半透明，有些产品表面裹一层半透明糖衣或结晶糖粉，如蜜李、蜜桃、橘饼（见图 3—23）等。

● **凉果** 凉果指以咸果坯为主要原料，以甘草等为辅料制成的糖制果品。凉果经盐腌、脱盐、晒干、加配调料蜜制、再干制而成，

糖制果品分为蜜饯和果酱两大类。

制品含糖量不超过35%，属低糖制品，外观保持原果果形，表面干燥，皱缩（有的品种表面有层盐霜），味道甘美、酸甜、略咸，有原果风味，如话梅（见图3—24）、橄榄制品等。

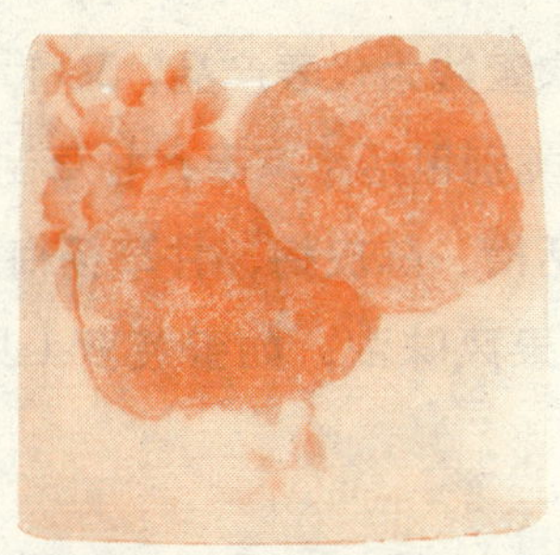
图3—23　干态蜜饯——橘饼

图3—24　凉果——话梅

（2）按产品传统加工方法分类

● **京式蜜饯**　京式蜜饯的代表产品是北京果脯，又称“北蜜”。京式蜜饯状态厚实，口感甜香，色泽鲜丽，工艺考究，如山楂糕、果丹皮（见图3—25）等。

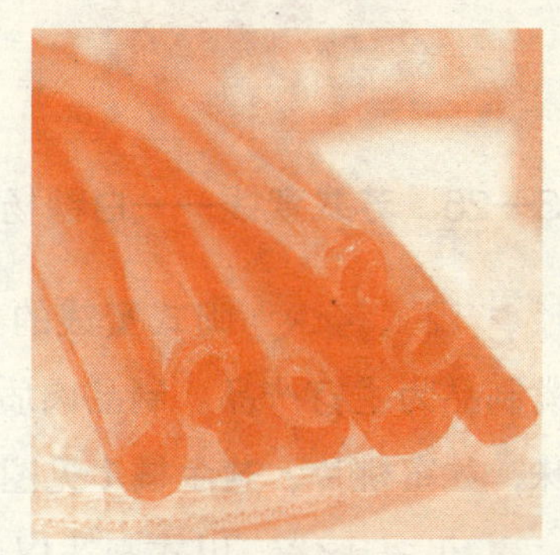
图3—25　京式蜜饯——果丹皮

● **苏式蜜饯**　苏式蜜饯的主产地为苏州，又称“南蜜”。苏式蜜饯选料讲究，制作精细，形态别致，色泽鲜艳，风味清雅，是我国江南一大名产。代表产品有：糖渍蜜饯类，表面微有糖液，色鲜肉脆，清甜爽口，原果风味浓郁，如糖青梅、蜜渍金橘等；返砂蜜饯类，制品表面干燥，微有糖霜，色泽清新，形态别致，酥松味甜，如白糖杨梅（见图 3—26）、苏式话梅等。

● **广式蜜饯** 广式蜜饯以凉果和糖衣蜜饯为代表产品，又称“潮蜜”。主产地为广州、潮州、汕头。具体类别包括：凉果，甘草制品，味甜、酸、咸适口，回味悠长，如奶油话梅、陈皮梅、甘草杨梅等；糖衣蜜饯，产品表面干燥，有糖霜，原果风味浓，如蜜菠萝（见图 3—27）、糖莲子等。

图 3—26 苏式蜜饯——白糖杨梅

图 3—27 广式蜜饯——蜜菠萝

● **闽式蜜饯** 闽式蜜饯的主产地为福建漳州、泉州、福州，以橄榄制品为主打产品。制品肉质细腻致密，添加香味突出，爽口而有回味，如蜜桃片、盐金橘（见图 3—28）等。

● **川式蜜饯** 川式蜜饯以四川内江地区为主产区，主要产品有名传中外的橘红蜜饯（见图 3—29）、川瓜糖等。

图 3—28　闽式蜜饯——盐金橘

图 3—29　川式蜜饯——橘红蜜饯

2. 果酱类

果酱类一般多为高糖高酸制品，按其制作方法和成品性质，可分为以下几种：

● **果酱**　果酱是果品原料经处理后，打碎或切成块状，加糖浓缩的凝胶产品，如草莓酱（见图 3—30）、苹果酱等。

图 3—30　草莓酱

● **果泥**　果泥一般是将一种或几种水果，进行软化打浆、筛滤除渣等处理，得到细腻的果肉浆液，加入适量砂糖和其他配料，加热浓缩成稠厚泥状而得到的产品。果泥口感细腻，比较适合咀嚼能力差的婴儿、老人等人群食用，如枣泥、苹果泥（见图 3—31）等。

● **果冻**　果冻是用含果胶丰富的果品为原料，经果实软化，压榨取汁，加糖、酸及适量果胶，加热浓缩后制得的凝胶制品。该制品具有光滑透明的形状，切割时有弹性，切面柔滑而有光泽，如山楂冻（见图 3—32）、苹果冻等。

图 3—31　苹果泥

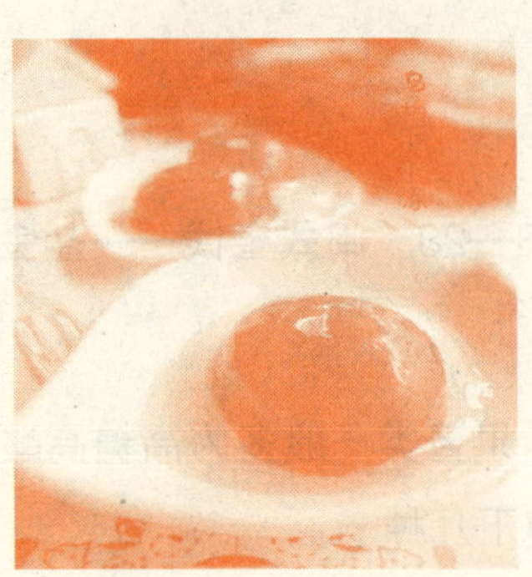

图 3—32　山楂冻

● **果糕**　果糕是将果实软化后，取其果肉浆液，加糖、酸、果胶浓缩，倒入盘中摊成薄层，再于 50 ~ 60℃温度下烘干至不粘手，切块，用玻璃纸包装而成的水果制品，如山楂糕等。

● **果丹皮**　果丹皮是将制取的果泥经摊平、烘干等程序制成的柔软薄片，如山楂果丹皮、桃果皮等。

蜜饯类制品加工工艺及方法

1. 蜜饯类制品加工工艺流程

原料→前处理→漂洗→预煮→
- 蜜制→配料→烘干→凉果
- 糖制→装罐→封罐→杀菌→冷却→湿态蜜饯
- 糖制→烘晒→上糖衣→干态蜜饯

2. 操作要点

（1）原料选择 原料质量的优劣主要取决于果品的品种、成熟度和新鲜度等几个方面。蜜饯类因需保持果实或果块形状，通常要求原料为肉质紧密，耐煮性强的果品品种，在绿熟至坚熟时采收为宜。另外，用于糖制的果品要求形态美观、色泽一致、糖酸含量高。

（2）原料前处理 果品糖制的原料前处理包括分级、清洗、去皮、去核、切分、切缝、刺孔等工序，还应根据原料特性差异、加工制品的不同而进行硬化、硫处理、染色等处理。

● **去皮、切分、切缝、刺孔** 果皮较厚或含粗纤维较多的糖制原料应去皮，常用机械或化学等方法去皮。大型果品原料宜适当切分成块、条、丝、片等，以缩短糖制时间。小型果品原料一般不去皮或切分，常在果面切缝、刺孔，以加速糖液渗透。

● **盐腌** 用食盐将果品腌制成盐坯，常作为半成品来延长加工

盐坯可做
南方凉果制
品的原料。
盐

期限。盐坯大多作为南方凉果制品的原料。盐腌有干腌和盐水腌制两种。干腌法适用于果汁较多或成熟度较高的原料，用盐量依果品种类和储存期长短而异，一般为原料重的14%～18%。盐水腌制适用于果汁稀少或未熟，或酸、涩、苦味浓的原料，具体做法是将原料直接浸泡到一定浓度的腌制液中腌制。腌制结束，可作水坯保存，或经晒制制成干坯长期保存。盐腌果品的腌渍程度以果实呈半透明为度。

● **保脆和硬化** 用0.1%的氯化钙与0.2%～0.3%的亚硫酸氢钠混合液浸泡果品30～60分钟，可起护色和硬化的双重作用。对不耐储运、易腐烂的草莓、樱桃等果品，用含有0.75%～1.0%二氧化硫的亚硫酸与0.4%～0.6%的消石灰混合液浸泡，可防腐烂并起硬化、护色作用。明矾具有触媒作用，能提高樱桃、草莓等制品的染色效果，使制品透明。

● **硫处理** 硫处理既可防制品氧化变色，又能促进原料对糖液的渗透。硫处理的具体操作方法有两种：一种是用相当于原料重量的0.1%～0.2%的硫黄，在密闭容器或房间内点燃进行熏蒸处理，熏硫后果肉变软，色泽变淡、变亮，核窝内有水珠出现，果肉二氧化硫的含量不低于0.1%。另一种是预先配好含有效二氧化硫0.1%～0.15%的亚硫酸盐溶液，将处理好的原料投入亚硫酸盐溶液中浸泡数分钟。常用的亚硫酸盐有亚硫酸钠、亚硫酸氢钠、焦亚硫酸钠等。

● **染色** 常用染色剂有人工色素和天然色素两大类。天然色素（如姜黄、胡萝卜素、叶绿素等）是无毒、安全的色素，但染色效果和稳定性较差。人工色素有苋菜红、胭脂红、赤藓红、新红、柠檬黄、日落黄、亮蓝、靛蓝等 8 种，有着色效果好、稳定性强等优点，但不得超过国家食品添加剂使用卫生标准规定的最大用量。染色方法是将原料浸于色素液中着色，或将色素溶于稀糖液中，在糖煮的同时完成染色。为增进染色效果，常用明矾作为媒染剂。

● **漂洗和预煮**　凡经亚硫酸盐保藏、盐腌、染色及硬化处理的原料，在糖制前都需漂洗或预煮，以除去残留的二氧化硫、食盐、染色剂、石灰或明矾，避免对成品外观、风味和食品安全性产生不良影响。

（3）糖制　糖制方法有蜜制（冷制）和煮制（热制）两种。蜜制适用于皮薄多汁、质地柔软的原料，煮制适用于质地紧密、耐煮性强的果品原料。

① 蜜制方法

● **分次加糖法**　首先将原料投入到 40% 糖液中，剩余糖分 2 ~ 3 次加入，每次提高糖浓度 10% ~ 15%，直到糖制品浓度达 60% 以上时出锅。

● **一次加糖多次浓缩法**　首先将原料投放到约 30% 的糖液中浸渍，滤出糖液，将其浓缩至浓度达 45% 左右，再将原料投入到糖液中糖渍。反复 3 ~ 4 次，最终糖制品浓度可达 60% 以上。

● **减压蜜制法**　首先将原料浸入含 30% 糖液的真空锅中，抽空 40 ~ 60 分钟后，消压，浸渍 8 小时，然后将原料取出，放入含 45% 糖液的真空锅中，抽空 40 ~ 60 分钟后，消压，浸渍 8 小时；再在 60% 糖液中抽空，浸渍至终点（糖制品浓度达 60% 以上）。

② 煮制方法

● **一次煮制法** 一次煮制法是将预处理好的原料在加糖后一次煮制成功，如苹果脯、蜜枣等。该法快速省工，但持续加热时间长，原料易烂，成品色、香、味较差，维生素破坏严重，糖分难以达到内外平衡，易使原料失水过多出现干缩现象。因此，煮制时应注意渗糖平衡，力求使糖分逐渐均匀地进入到果实内部。初次糖制时，糖浓度不宜过高。

● **多次煮制法** 多次煮制法是将处理过的原料经过多次糖煮和浸渍，逐步提高糖浓度的方法。一般多次煮制法煮制时间短，浸渍时间长，适用于细胞壁较厚而难以渗糖、易煮烂的或含水量高的原料，如桃、杏、梨和西红柿等。多次煮制所需时间长，煮制过程不能连续化，费时、费工，采用快速煮制法可克服此不足。

● **快速煮制法** 快速煮制法是将原料在糖液中交替进行加热煮制和放冷糖渍，使果品内部水气压迅速消除，糖分快速渗入而达到平衡的煮制方法。处理方法是：将原料装入网袋中，先在30%的热糖液中煮制4～8分钟，取出立即浸入等浓度的15℃糖液中冷却。如此交替进行4～5次，每次可提高糖浓度10%，最后完成煮制过程。快速煮制可连续进行，煮制时间短，产品质量高，但糖液需求量大。

● **减压煮制法** 减压煮制法又称真空煮制法，指将原料在真空和低温下煮沸，使糖分能迅速渗入到果品组织里达到平衡的煮制方法。减压煮制法所需煮制温度低，时间短，制品色、香、味、形都比常压煮制好。

● **扩散煮制法**　扩散煮制法是在真空糖制的基础上进行的一种连续化糖制方法，机械化程度高，糖制效果好。具体操作方法是：先将原料密闭在真空扩散器内，抽真空排出原料组织中的空气，而后加入95℃的热糖液，待糖分扩散渗透后将糖液迅速转入另一扩散器内，再将原来的扩散器内加入较高浓度的热糖液，如此连续进行几次，制品即达要求的糖浓度。

（4）烘晒与上糖衣

● 多数制品在糖制后需进行烘晒，以除去部分水分，使表面不粘手，利于保存。采取人工方法烘干时温度不宜超过65℃，烘干后要求保持蜜饯形状完整，饱满，不皱缩，不结晶，质地柔软，含水量在18%～22%，含糖量达60%～65%。

● 上糖衣用的过饱和糖液通常以三份蔗糖、一份淀粉糖浆和两份水配合而成。将混合浆液加热至113～114.5℃，然后冷却到93℃，即可食用。

在干燥快结束的蜜饯表面，撒上结晶糖粉或白砂糖，拌匀，筛去多余糖粉后即得晶糖蜜饯。

（5）整理、包装与储存

● 干燥后的蜜饯应及时整理或整形，以获得良好的外观。

● 干态蜜饯的包装以防潮、防霉为主，常用阻湿隔气性的包装材料。湿态蜜饯可参照罐头工艺进行装罐，糖液量为成品总净重的45%～55%，密封，在90℃下杀菌20～40分钟，然后冷却。对于不杀菌的蜜饯制品，要求其可溶性固形物达70%～75%，糖分不低于65%。

● 储存蜜饯的库房要清洁、干燥、通风。尤其是储存干态蜜饯的库房，墙壁要使用防湿材料，库温控制在12～15℃。储藏时糖制品若出现轻度吸潮，可重新烘干处理，冷却后再包装。

果酱类制品加工工艺及方法

1. 果酱类制品加工工艺流程

原料处理→加热软化→配料→浓缩→装罐→封罐→杀菌→果酱类产品

（配料）→制盘→冷却成型→果糕类产品

（原料处理）→取汁过滤→配料→浓缩→冷却成型→果冻

2. 操作要点

（1）原料选择及前处理 要求原料含果胶及酸量较多，芳香味浓，成熟度适宜。对于含果胶及酸量少的果品，制酱时需额外加入果胶及酸类，或与富含原料所缺成分的其他果品混合。选择原料时应先剔除霉烂、变质、病虫害严重的不合格果，然后进行清洗、去皮、切分、去核等处理。若需护色应进行护色处理，并尽快加热软化。

（2）加热软化

● 加热软化的目的主要有四个：一是破坏酶的活性，防止变色

加热软化可
以护色!

和果胶水解；二是软化果肉组织，便于打浆或糖液渗透，促使果肉组织中的果胶溶出，利于凝胶的形成；三是蒸发一部分水分，缩短浓缩时间；四是排除原料组织中的气体，得到无气泡的酱体。

● 一般软化用水为果肉重量的 20% ~ 50%。若用糖水软化，糖水浓度为 10% ~ 30%。开始软化时升温要快，蒸汽压力为 0.2 ~ 0.3 兆帕，沸腾后可降至 0.1 ~ 0.2 兆帕。软化过程中要不断搅拌，使上层果块软化均匀，果胶充分溶出。软化时间依品种不同而异，一般为 10 ~ 20 分钟。

（3）取汁过滤 汁液丰富的浆果类果实压榨前不用加水，直接取汁；而对肉质较坚硬致密的果实（如山楂等）进行软化时，应加适量的水，以便压榨取汁。为了使可溶性固形物和果胶更多地溶出，压榨后的果渣应加一定量水再软化一次，进行再一次压榨取汁。

（4）配料

● 配料按原料种类要求而异，一般要求果肉占总配料量的 40% ~ 55%，砂糖占 45% ~ 60%。果肉与加糖量的比例为 1 ：1 ~ 1.2。为使果胶、糖、酸形成适当比例，利于凝胶形成，必要时可根据原料所含果胶及酸的多少添加适量柠檬酸、果胶或琼脂。柠檬酸补加量一般以成品含酸量的 0.5% ~ 1% 为宜。果胶补加量以控制成品含果胶量为 0.4% ~ 0.9% 较好。

● 配料时应将砂糖配制成 70% ~ 75% 的浓糖液，加 40% ~ 50% 的柠檬酸溶液，过滤。按料重加入 2 ~ 4 倍的砂糖，混匀后按料重加入 10 ~ 15 倍的水，加热溶解。

● 果肉加热软化后，浓缩时分次加入浓糖液，临近终点时，依次加入果胶液或琼脂液、柠檬酸或糖浆，充分搅拌均匀。

（5）浓缩

● 浓缩的目的在于通过加热排出果肉中大部分水分，使砂糖、酸、果胶等配料向果肉渗透均匀，提高浓度，改善酱体组织形态及风味。加热浓缩还能杀灭有害微生物，破坏酶活，利于制品保藏。

● 常压浓缩　将原料置于夹层锅内，在常压下加热浓缩。

● 真空浓缩　在浓缩过程中，由于低温蒸发水分，既能提高浓度，又能保持产品原有的色、香、味，优于常压浓缩。真空浓缩时，待真空度达到 53.32 千帕以上，开启进料阀，浓缩的物料靠锅内的真空吸力进入锅内。浓缩时真空度保持在 86.66 ~ 96 千帕，料温在 60℃左右。浓缩过程应保持物料超过加热面，以防焦煳。待果酱升温至 90 ~ 95℃时，即可出料。

（6）装罐密封　果酱类制品含酸量高，多以玻璃罐或抗酸涂料铁罐为容器。装罐前彻底清洗容器并消毒，出锅后迅速装罐。一般要求每锅罐体分装完毕不超过 30 分钟。密封时，酱体温度在 80 ~ 90℃。

（7）杀菌冷却　可采用沸水或蒸汽杀菌。杀菌温度及时间依品种及罐型不同，一般以 100℃下杀菌 5 ~ 10 分钟为宜。杀菌后冷却至 38 ~ 40℃，擦干罐身水分，贴标装箱。

糖制果品加工注意事项

1. 返砂与流汤

● 返砂即糖制品经糖制、冷却后，成品表面或内部出现晶体颗粒的现象。返砂可使制成品口感变粗，外观质量下降。流汤即蜜饯类产品在包装、储存、销售过程中出现的吸潮、表面发黏等现象（尤其在高温、潮湿季节）。

● 出现上述现象的原因主要是成品中蔗糖和转化糖间的比例不合适。一般成品中含水量达 17% ~ 19%，总糖量为 68% ~ 72%，转化糖含量为 30% 左右，即占总糖含量的 50% 以下时，成果品将出现不同程度的返砂。转化糖越少，返砂越重。反之，若转化糖越多，蔗糖越少，流汤越重。

● 当转化糖含量达 40% ~ 45%，即占总糖含量 60% 以上时，在低温、低湿条件下保藏，一般不返砂。因此，控制返砂和流汤最有效的办法是控制原料在糖制时蔗糖转化糖间的比例。影响糖分转化的因素是糖液的 pH 值及温度。糖液 pH 值为 2.0 ~ 2.5，加热时可以促使蔗糖转化，提高转化糖含量。对于含酸量较少的苹果、梨等果品，目前生产上多采用加柠檬酸或盐酸来调节糖液 pH 值的方法以控制返砂和流汤。

2. 煮烂与皱缩

● 煮烂与皱缩是果脯生产中经常出现的问题。这些问题的产生除与果实品种有关外，成熟度也是重要的影响因素，过生、过熟都较容易煮烂。因此，采用成熟度适当的果实为原料，是保证果脯质量的前提。此外，经前处理的果实不宜立即用浓糖液煮制，应先放入煮沸的清水或 1% 的食盐溶液中热烫几分钟，再按工艺煮制。

● 煮制温度过高或煮制时间过长也是导致煮烂的重要原因。因此，糖制时应延长浸糖时间，缩短煮制时间，降低煮制温度。对于易煮烂的产品，最好采用真空渗透或多次煮制等方法。

● 引起果脯皱缩的原因主要是“吃糖”不足。“吃糖”不足有两个原因：一是糖制时，开始煮制的糖液浓度过高，易造成果肉外部组织极度失水收缩，降低糖液向果肉内的渗透速度，破坏扩散平衡；二是煮制后浸渍时间不够。因此，要想避免出现果脯皱缩，应在糖制过程中分次加糖，使溶液浓度逐渐提高，延长浸渍时间。

3. 褐变

● 糖制果品褐变的原因是果品在糖制过程中发生了非酶促褐变和酶促褐变反应，导致成品色泽加深。非酶促褐变主要发生在糖制品的煮制和烘烤过程中，尤其在高温条件下煮制和烘烤，最易发生褐变。在糖制和干燥过程中适当降低温度，缩短时间，可有效阻止非酶促褐变。低温真空糖制是预防非酶促褐变的有效措施。

● 酶促褐变主要是果品组织中酚类物质在多酚氧化酶作用下发生氧化而褐变，一般发生在加热糖制前。使用热烫和护色等方法，抑制可引起褐变的酶的活性，可有效抑制由酶引起的褐变反应。

哎呀，发生颜色褐变了，怎么办啊……
试试使用热烫和护色等方法吧……

糖制果品加工实例

1. 蜜饯类制品生产实例——蜜枣

(1) 工艺流程

原料选择→切缝→熏硫→糖煮→糖渍→烘烤→整形→包装→成品

(2) 操作要点

● **原料选择** 选用果形大，果肉肥厚、疏松，果核小，皮薄而质韧的品种，果实由青转白时采收（过熟则制品色泽较深）。

● **切缝** 用排针或机械将每个枣果划缝 80 ~ 100 条，其深度以深入果肉 1/2 为宜。划缝要深浅适宜，太深，糖煮时易烂，太浅则糖液不易渗透。

● **熏硫** 硫黄用量为果实重的 0.3%，熏硫时间为 30 ~ 40 分钟，至果实汁液呈乳白色即可。南方蜜枣不用进行熏硫，切缝后即可糖制。

● **糖煮** 配制浓度为 30% ~ 50% 的糖液 35 ~ 45 千克，与枣果 50 ~ 60 千克同时入锅煮沸，加入糖液 2.5 ~ 3 千克，煮沸，反复三次加枣汤后，开始分次加糖煮制。第 1 ~ 3 次，每次加糖 5 千克和枣汤 2 千克左右；第 4 ~ 5 次，每次加糖 7 ~ 8 千克；第 6 次加糖约 10 千克。每次加糖应在沸腾中进行。最后一次加糖后，续煮约 20 分钟，而后连同糖液倒入缸中浸渍 48 小时。全部糖煮时间需 1.5 ~ 2 小时。

● **烘烤及整形** 沥干后送入烘房，在烘干温度为 60 ~ 65℃的条件下烘至六七成干后进行整形，捏成扁平的椭圆形，再放入烘盘继续干燥，至表面不粘手，果肉具有韧性即可。

蜜枣制成品如图 3—33 所示。

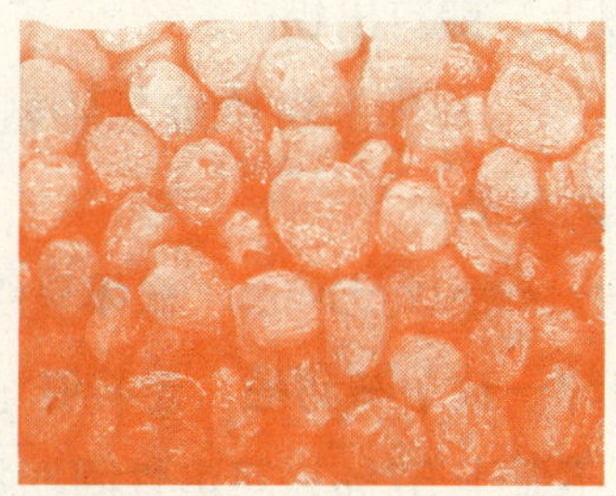

图 3—33　蜜枣

2. 果酱类制品生产实例——山楂糕

（1）工艺流程

原料选择→清洗→切分→软化→过筛→配料→加热浓缩→入盘冷却→成品

（2）操作要点

● **原料选择**　选用新鲜山楂，除去霉烂、虫疤等不合格果。

● **清洗**　用清水洗净表面的泥沙、污物。

● **切分**　切分去蒂，并将籽剥出。

● **软化**　加与果重等量的水，在夹层锅中煮沸 30 ~ 40 分钟，边煮边搅动，至果肉软烂为止。

● **过筛**　先以粗筛去皮、去籽，再以细孔筛压滤。

● **配料**　按 40 千克山楂加糖 25 千克、研细的明矾 1 千克的配料比例进行配制，或按果肉浆液重量的 60% ~ 80% 加入砂糖。

● **加热浓缩** 在夹层锅内加热浓缩，不断搅拌，以防焦煳。待水蒸发掉一部分后，开始分次加糖，继续搅拌，待可溶性固形物达 65% 以上，即可出锅。

● **入盘冷却** 将浓缩后的黏稠浆液趁热倒入搪瓷盘内，冷却凝固，即为成品。

（3）产品质量要求 糕体呈红褐色，结构致密，富有弹性，有光泽且均匀一致；味甜酸，无异味；糕体呈固态，切开无糖液析出；总含糖量不低于 57%，可溶性固形物不低于 65%。

山楂糕制成品如图 3—34 所示。

图 3—34 山楂糕

专家建议

形成良好果胶凝胶的最佳比例是：果胶量为 1% 左右，糖浓度为 65% ～ 67%，pH 值为 2.8 ～ 3.3。

话题5 果品速冻技术与工艺

导读 速冻保藏是利用人工制冷技术降低食品温度使其达到长期保藏而较好地保持产品质量最重要的加工方法之一。应用速冻技术保藏果品可较长期而又良好地保持果品原有的新鲜状态和品质。

目前，速冻加工主要应用于蔬菜，速冻水果则多用于做其他食品（如果汁、果酱、蜜饯、点心、冰激凌等）的半成品、辅料或装饰物。近年来，由于速冻设备及技术的进步，速冻食品质量有较大提高，食品速冻业获得了迅速发展。本话题主要介绍果品速冻技术所需的设备、工艺流程及加工要点。

常用的果品速冻设备及特点

1. 间接冻结装置

（1）低温静止空气冻结装置 低温静止空气冻结装置用空气作为冻结介质，导热性差，且空气与其接触的物体间的放热系数也最小；但它对食品无害，成本低，容易实现机械化生产，因此是最早使用的一种冻结装置，低温冰箱即属此类。由于空气对流速度低，果品冻结往往需要 10 小时左右，所以速冻效果差，效率低，劳动强度大，在工艺上已落后，目前只在小库上应用。

（2）送风冻结装置　送风冻结装置通过增大风速使原料表面放热系数提高，从而提高冻结速度。使用时应注意使冻结装置内各点上原料表面风速一致。但一般冷风速度如果在 1 ~ 2 米 / 秒时，各点上的风速会不均匀，从而造成温差，这在工艺上也颇为落后。

（3）强风冻结装置　强风冻结装置以强大风机使冷风以 3 ~ 5 米 / 秒以上的速度在装置内循环，主要有三种形式。

● 隧道式　隧道式冻结装置可用轨道小推车或吊挂笼传送原料，一般以逆风送入冷风，或用各种形式的导向板造成不同风向。这种冻结装置的生产效率及效果较佳，但连续化生产程度不高。

● 传送带式　传送带式冻结装置多用不锈钢网状输送带传送原料，原料在传送过程中冻结，冷风流向可与原料平行、垂直、顺向、逆向、侧向。

● 悬浮式　悬浮式冻结装置一般采用不锈钢网状传送带传送原料，分成预冷及急冻两段，以多台强大风机自下向上吹出高速冷风（垂直向上风速达 6 ~ 8 米 / 秒以上），把原料吹起，使其在网状传送带上以悬浮状态不断跳动，此时原料被急速冷风所包围，进行强烈热交换，从而被急速冻结。这种装置的生产效率高（一般 5 ~ 15 分钟就能使食品冻结至 -18℃），效果好，自动化程度高。但由于要使冻品形成悬浮状态需要很大气流速度，故被冻结的原料大小受到一定限制，一般颗粒状、小片状、短段状原料较适用。

（4）接触冻结装置　接触冻结装置一般由铝合金或钢制成空心

平板（或板内配蒸发管），制冷剂以空心板为通路，从其中蒸发通过，使板面及其周围成为温度低的冷却面，原料放置于板面上进行快速冻结。接触冻结装置一般用多块平板组装而成，可用油压装置来调节板与板间的距离，使空隙尽量减少，使原料夹在两板间，提高热交换效率。由于原料被上下两个冷却面同时吸热，故冻结速度颇快。这种装置属间歇生产类型，生产效率不算高，可用多个冻结器配合，劳动强度较大些。

2. 直接冻结装置

直接冻结装置中目前多用浸渍冻结装置。冻结原理是用高浓度低温盐水浸渍原料进行冻结。由于原料与冷媒接触，传热系数高，热交换强烈，故冻结速度快，但盐水很咸，故只适用于水产品，不能用于果品速冻，在此不作过多介绍。

果品速冻工艺流程及操作要点

1. 果品速冻工艺流程（见图 3—35）

2. 操作要点

（1）原料预处理 原料选择及整理是原料预处理中最关键的步骤。

● **加工原料的品种特性要求** 果品速冻加工的原料需具备出色的风味、均匀的颜色、理想的质地、均一的成熟度、抗病虫害、高产的特性，并适合机械采收。

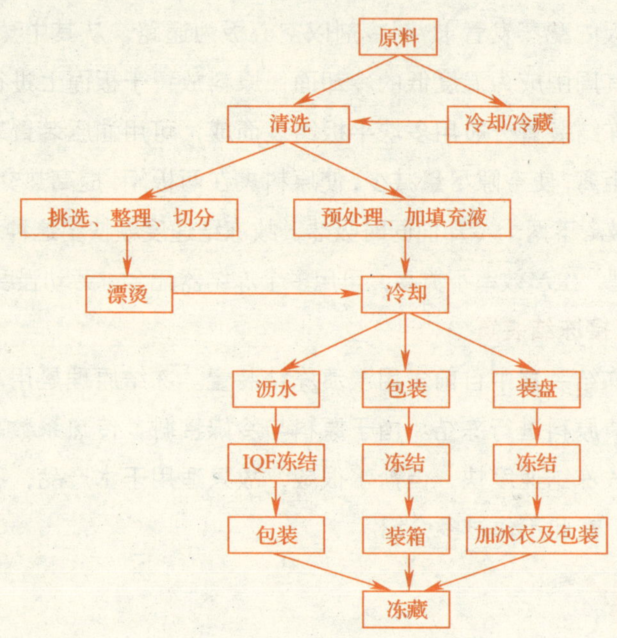

图 3—35 果品速冻工艺流程

● **采收及采后处理** 采收时要考虑是否能获得最优原料质量。采收时果品成熟度适当，新鲜度好。原料采收和运输中应尽量避免机械损伤，进厂检验合格后应及时加工。一些果品在室温下放置时间过长则不能保持原来新鲜的风味，必要时可冷藏保鲜，但时间不宜过长，以免鲜度减退或变质。为了避免微生物污染，应尽快处理，并在各环节多加注意。

● **灭菌处理** 速冻果品属于方便食品类，在速冻加工过程中并没有严格的灭菌措施，因此微生物污染的检测指标要求很严格。原料加工前应充分清洗干净，加工所用冷却水要经过消毒，工作人员、工具、设备、场所的清洁卫生要达标，加工车间要加以隔离。

● **原料挑选** 从消费者食用方便及有利于快速冻结等方面考虑，原料要经过挑选。除了适宜整个加工外，一般原料应去皮、去核及适当切分。切分后的原料暴露于空气会发生氧化变色，可以用 0.2% 的亚硫酸钠、1% 的食盐、0.5% 的柠檬酸或醋酸溶液浸泡，防止变色。

● **原料处理** 为了维持速冻后的果品脆性，可将原料浸入含 0.5% ~ 1% 的碳酸钙（或氯化钙）溶液中浸泡 10 ~ 20 分钟，以增加其硬度和脆性。为了防止产品变色和氧化，应用适当浓度的糖液作为填充液，淹没产品，填充液里可加 0.1% 左右的抗坏血酸及 0.5% 的柠檬酸等抗氧化剂与抑制酶活性的添加剂。

（2）速冻

● **预冷** 原料经预处理后，预冷至 0℃，有利于加快冻结。许多冻结装置设有预冷段设施，如果没有此冷段设施可在进入速冻前将原料放在其他冷库预冷，然后再陆续进入冻结。

● **冻结速度控制** 冻结速度因果品品种、形状、大小、堆料厚度、进入速冻设备时果品温度、冻结温度等因素不同而有差异。果品的速冻温度在 –35 ~ –30℃，风速应保持在 3 ~ 5 米 / 秒。这样可以保证冻结以最短时间通过最大冰晶生成区，使冻品中心温度尽快达到 –18 ~ –15℃以下，这样生产出来的果品才能称为“速冻果品”。此状态下果品中 90% 以上水分在原来位置上形成细小冰晶，大多均匀分布在细胞内，从而获得品质新鲜且营养和色泽保存良好的速冻果品。

浸入 0.5%~1% 的碳酸钙溶液中浸泡10~20 分钟，可以增加其硬度和脆性。
碳酸钙溶液

● **速冻设备选择** 果品速冻生产多采用半机械化或机械化连续作业生产方式，速冻装置以螺旋式连续速冻机或流态床速冻机为好。

（3）包装

● **包装的作用** 对速冻果品进行包装，可有效控制速冻果品在长期储藏过程中发生冰晶升华（即水分由固体冰的状态蒸发而形成干燥状态）；防止产品接触空气而氧化变色，便于运输、销售和食用；防止污染，保持产品卫生。

● **包装材料的选择** 冻结果品的包装有大、中、小各种形式，包装材料有纸、玻璃纸、聚乙烯薄膜及铝箔等。选择包装材料时，应主要为避免产品的干耗、氧化、污染而采用透气性能低的材料。包装大小可按消费需求确定，半成品或厨房用料产品可用大包装；家庭应用及方便食品要用小包装。

● **包装注意事项** 分装时，要保证在低温下进行工作，同时要求在最短时间内完成，尽快重新入库。一般冻品在 –4 ~ –2℃时，即会发生重结晶。

（4）冻藏与运输销售

● **冻藏** 速冻完成并包装好的冻品要储存于 –18℃以下冷库内，且要求温度稳定，少波动。不应与其他有异味的食品混藏，最好用专库储存。低温冷库隔热效能要求较高，保温要好，一般应用双级压缩制冷系统进行降温。速冻果品产品冻藏期一般可达 10 ~ 12 个月以上，条件好的可达两年。

● **运输销售** 流通时，要应用能制冷及保温的运输设施（有制冷及保温装置的汽车、火车、船只、集装箱等），以 –18 ~ –15℃的温度运输冻品。销售时也应有低温货架与货柜，一般仍要求在 –18 ~ –15℃。

（5）解冻与食用

● **解冻方法** 可在冰箱中、室温下及冷水或温水中进行解冻，也可用微波炉迅速解冻，但要注意产品的组织成分要均匀一致，否则易造成产品局部损害。解冻的终末温度因解冻用途而异，鲜吃果实半解冻较为安全。有些冷冻的浆果类可作为糖制品原料，经一定加热处理仍能保证其产品质量。

● **食用** 冷冻水果一般解冻后不需热处理就可食用。

果品速冻加工实例

1. 桃

（1）工艺流程

原料选择→清洗→去皮、核→切片→浸渍糖液→包装→速冻→冻藏

（2）工艺要点

● **原料选择及预处理** 以白桃和黄桃品种最适宜加工。原料要新鲜，成熟度为八成左右。果实应大小均匀，无压伤，无病虫害。加工

时按品种大小分类，用清水洗去表面污物和残留农药，用劈桃机将果实从中间切开，除去桃核，然后采用氢氧化钠溶液处理去皮。处理后在清水中剥皮，并用 2% 的柠檬酸溶液浸泡，再用清水冲洗干净。切分时，个头较大者切成 4 块，较小者切成 2 块，再在浓度为 40% 的糖液中浸泡 5 分钟。为防止解冻后发生褐变，可在糖液中加入 0.1% 的抗坏血酸。浸泡后捞起，沥干糖液。

● **速冻和冻藏**　原料沥干糖液后经包装和冷却，迅速装入温度为 -35℃速冻装置中冻结，使中心温度尽快降至 -18℃。冻结后产品再用纸箱包装，随即送入 -18℃冻藏库储藏。

速冻黄桃如图 3—36 所示。

图 3—36　速冻黄桃

2. 草莓

(1) 工艺流程

原料采收→挑选、分级→去果蒂→清洗→加糖液处理→冷却→速冻→包装→冻藏

（2）工艺要点

● **原料要求** 冻结加工对原料品种要求较严格。采摘时应带蒂采收，且须精心操作。带露水的草莓采摘后易变质，所以要待露水干后再开始采摘。草莓果实成熟度应适宜，果面红色占2/3，大小均匀，坚实，无压伤，无病虫害，采摘装箱时不宜装得过满，运输时注意轻拿轻放，避免太阳直接照射。

● **预处理** 按果实大小和色泽分级挑选。先挑选出果面红色占2/3、适宜速冻加工的果实，然后按直径大小进行分级：20毫米以下、20～24毫米、25～28毫米、28毫米以上；也可按重量分级：单果重10克以下为1级、8～10克为2级、6～8克为3级、6克以下为4级。质量较次的草莓冻结后可作为加工草莓酱的材料。

将预先配制好的浓度为30%～50%的糖液倒入浸泡容器中，然后放入草莓，轻轻搅拌均匀，浸泡3～5分钟，捞出沥干糖液。

● **冻结和冻藏** 将浸泡过糖液的草莓迅速冷却至15℃以下，尽快送入温度为–35℃的速冻机中冻结，10分钟后草莓中心温度为–18℃。冻结后的草莓尽快在低温下包装，以防止表面融化而影响产品质量。包装材料可采用塑料袋或纸盒。包装好的草莓应在温度为–18℃的冻藏库储藏，每层堆积不宜过多，要求每5层加1个木制底盘。

速冻草莓如图3—37所示。

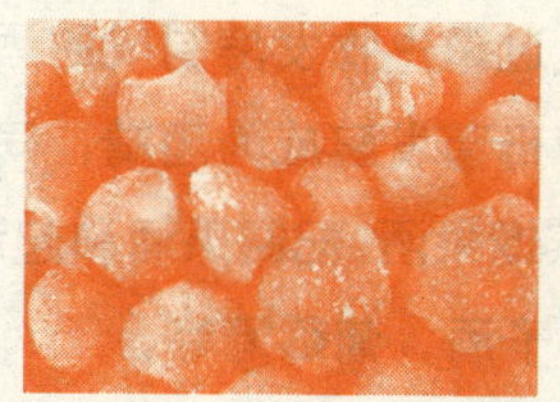 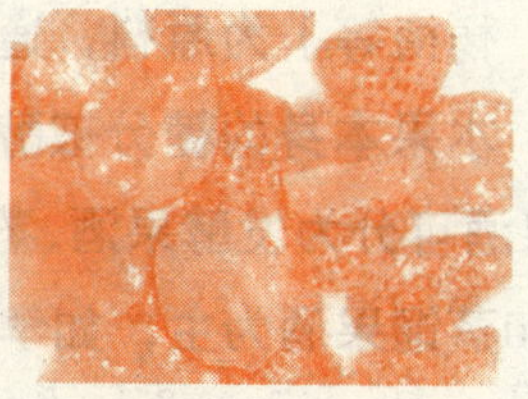

图 3—37 速冻草莓

专家建议

速冻食品的冻藏温度要求低于 -12℃，常采用 -18℃或更低温度。

话题 6 果酒、果醋酿造技术及工艺

导读 在水果的加工利用中，果酒、果醋是广受消费者喜爱的产品。尤其是葡萄酒，更是品味与身份的象征。本话题主要介绍果酒、果醋的酿造技术及相关注意事项。

什么是果酒、果醋

● **果酒** 果酒是以各种水果和野生果实（如葡萄、梨、橘子、荔枝、

甘蔗、山楂、杨梅等）为原料，通过微生物发酵制成的酒精饮料。在制作过程中，水果本身的糖分被酵母菌发酵成为酒精，同时又不失水果的风味。果酒可分为发酵果酒、蒸馏果酒、配制果酒和起泡果酒四类，以发酵果酒和蒸馏果酒为主，如李子酒，葡萄酒等。

● **果醋** 果醋是以新鲜水果为原料，经清洗、榨汁，在酒精发酵的基础上进一步通过醋酸发酵制成的饮品。果醋兼有水果和食醋的营养保健功能，是集营养、保健、食疗等功能为一体的新型饮品。目前，我国市场上的果醋主要有烹调型果醋、佐餐型果醋、保健型果醋以及饮料型果醋四种。

部分果酒、果醋如图 3—38 所示。

图 3—38 部分果酒、果醋

果酒酿造的工艺流程及操作要点

1. 果酒酿造的工艺流程

鲜果选择、采收→分选→破碎、除梗→取果浆→分离取汁→澄

果醋具有促进新陈代谢、调节酸碱平衡、消除疲劳等功效。

清→清汁→ 发酵→倒桶→储酒→过滤→冷处理→调配→过滤→成品

2. 操作要点

（1）发酵前的处理 前处理包括水果的选择、破碎、去梗等。破碎要求每粒种子破裂，但不能将种子和果梗破碎。破碎后立即将果浆与果梗分离，防止果梗中的青草味和苦涩物质溶出。

（2）渣汁分离 渣汁分离的产品主要有两种：一种是破碎后不加压自行流出的自流汁，另一种是加压后流出的压榨汁。自流汁质量好，宜单独发酵制取优质酒。压榨分两次进行，第一次逐渐加压，尽可能压出果肉中的汁，此时所取的果汁质量稍差，应分别酿造，也可与自流汁合并。第一次压榨取汁后，将残渣疏松，加水或不加，作第二次压榨。第二次所得压榨汁杂味重，质量低，宜做蒸馏酒或其他用途。

（3）果汁的澄清 压榨汁中的一些不溶性物质在发酵中会产生不良效果，给果酒带来杂味，所以必须对渣汁分离所取得的压榨汁进行澄清。用澄清汁制取的果酒胶体稳定性高，对氧的作用不敏感，酒色淡，铁含量低，芳香稳定，酒质爽口。

（4）二氧化硫处理 二氧化硫在果酒酿造中有杀菌、澄清、抗氧化、增酸、使色素和单宁物质溶出、还原、使酒的风味变好等作用。二氧化硫处理可使用气体二氧化硫或亚硫酸盐两种制剂之一，前者可用管道直接通入，后者则需溶于水后加入。发酵基质中二氧化硫的浓度为 60 ~ 100 毫克 / 升。

（5）果汁的调整 果汁的调整主要是调整糖酸比。

● **糖的调整** 酿造酒精含量为 10% ~ 12% 的果酒，果汁的糖度需 17 ~ 20 白利度。如果糖度达不到要求则需加糖，实际加工中常用蔗糖或浓缩汁。

● **酸的调整**　酸可抑制细菌繁殖，使发酵顺利进行，使红葡萄颜色鲜明，使酒味清爽，具有柔软感。酸与醇生成酯，可增加酒的芳香、储藏性和稳定性。干酒易在 0.6% ~ 0.8%，甜酒易在 0.8% ~ 1%，一般 pH 值大于 3.6 或可滴定酸低于 0.65% 时应该对果汁加酸。

（6）酒精发酵

①酒母的制备　酒母即扩大培养后加入发酵醪的酵母菌，生产上需三次扩大后才可加入，分别称为一级培养（试管或三角瓶培养）、二级培养、三级培养，最后用酒母桶培养。方法为：

● **一级培养**　生产前 10 天左右，选成熟无变质的水果，压榨取汁。装入洁净、干热灭菌过的试管或三角瓶内。试管内装量为 1/4，三角瓶为 1/2。装入后在常压下沸水杀菌 1 小时（或在 58 千帕下 30 分钟）。冷却后接入培养菌种，摇动果汁使之分散，进行培养，发酵旺盛时可供下级培养。

● **二级培养**　在洁净、干热灭菌的三角瓶内装入 1/2 的果汁和上述培养液，进行培养。

● **三级培养**　选洁净、消毒的 10 升左右大玻璃瓶，装入发酵栓后加果汁至容积 70% 左右。加热杀菌或用亚硫酸杀菌，后者每升果汁应含二氧化硫 150 毫克，但需要放置一天。瓶口用 70% 的酒精消毒，接入二级菌种，用量为 2%，在保温箱内培养，繁殖旺盛后，供扩大用。

②酒母桶培养　将酒母桶用二氧化硫消毒后，装入 12 ~ 14 白利度

的果汁，在 28 ~ 30℃下培养 1 ~ 2 天即可作为生产酒母。培养后的酒母即可直接加入发酵液中，用量为 2% ~ 10%。

③发酵设备 发酵设备要求应能控温，易于洗涤、排污、通风换气良好等。使用前应进行清洗，用二氧化硫或甲醛熏蒸消毒处理。发酵容器也可制成发酵储酒两用，要求不渗漏，能密闭，不与酒液起化学作用。有发酵桶、发酵池，也有专门发酵设备，如旋转发酵罐、自动连续循环发酵罐等。

④果汁发酵 发酵分主（前）发酵和后发酵。主发酵时，将果汁倒入容器内，装入量为容器容积的 4/5，然后加入 3% ~ 5% 的酵母，搅拌均匀，温度控制在 20 ~ 28℃，发酵时间随酵母的活性。

（7）过滤、杀菌、装瓶 过滤有硅藻土过滤、薄板过滤、微孔薄膜过滤等方法。果酒常用玻璃瓶包装。装瓶时，空瓶用 2% ~ 4% 的碱液在 50℃以上的温度中浸泡后清洗干净，沥干水后杀菌。果酒可先经巴氏杀菌再进行热装瓶或冷装瓶。含酒精量低的果酒，装瓶后还应再次进行杀菌。

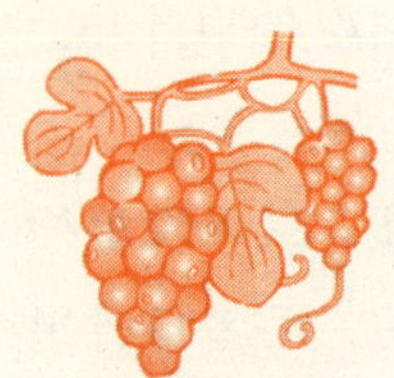

果醋酿造的工艺流程及操作要点

根据发酵方式的不同，果醋的酿造分为全固态发酵法、全液态发酵法以及前液后固发酵法三种。这三种工艺在具体操作上也不尽相同，分别概述如下：

1. 全固态发酵法工艺流程

果品原料准备→挑选→清洗→破碎→加少量稻壳、酵母菌→固态酒精发酵→加麸皮、稻壳、醋酸菌→固态醋酸发酵→淋醋→灭菌→陈酿→成品

2. 全液态发酵法工艺流程

果品原料准备→挑选→清洗→破碎、榨汁（除去果渣）→提取粗果汁→接种酵母→液态酒精发酵→加醋酸菌→液态醋酸发酵→过滤→灭菌→陈酿→成品

3. 前液后固发酵法工艺流程

果品原料准备→挑选→清洗→破碎、榨汁（除去果渣）→提取粗果汁→接种酵母→液态酒精发酵→加麸皮、稻壳、醋酸菌→固态醋酸发酵→淋醋→灭菌→陈酿→成品

4. 操作要点

● **清洗** 将水果或果皮、果核等投入池中，用清水冲洗干净，拣去腐烂部分与杂质等，取出沥干。

● **蒸煮** 将洗净的果实放入蒸气锅内，在常压下蒸煮 1 ~ 2 小时。在蒸煮过程中，可上下翻动二三次，使其均匀熟透。然后降温至 50 ~ 60℃，加入相当于原料总重量 10% 的用黑曲霉制成的麸曲，或加入适量的果胶酶，在 40 ~ 50 ℃温度下糖化 2 小时。

● **榨汁** 糖化后，用压榨机榨出糖化液，泵入发酵用的木桶或大缸，并调整浓度。

● **发酵** 糖化液温度保持在 28 ~ 30℃，加入酒母液进行酒精发酵，接种量（酒母液量）为糖化液的 5% ~ 8%。在发酵初期的 5 ~ 10 天，需用塑料布密封容器。当果汁含酸度为 1% ~ 1.5%、酒精度为 5 ~ 8 度时，酒精发酵已基本完成。接着将果汁的酒精浓度稀释至 5 ~ 6 度，然后接入 5% ~ 10% 的醋酸菌液，搅匀，将温度保持在 30℃，进行醋酸静置发酵。经过 2 ~ 3 天，如发现液面有一层薄膜出现，说明醋酸菌膜形成。一般 1 度酒精能产生 1% 的醋酸，发酵结束时的总酸度可达 3.5% ~ 6%。

● **淋醋** 醋酸发酵后，以 1 ∶1 的比例向醋酸中加入 50 ~ 60℃ 的温水，浸泡 5 ~ 6 小时后，就可淋醋。淋出的醋经瓶装杀菌后，就可得到风味独特、营养丰富、具有保健功效的果醋成品。

● **过滤灭菌** 在醋液中加入适量的硅藻土作为助滤剂，用泵打入压滤机进行过滤，得到清醋。滤渣加清水洗涤一次，将洗涤液并入清醋，调节其酸度为 3.5% ~ 5%。将清醋经蒸气间接加热至 80℃以上，趁热入坛包装或灌入瓶内包装，即为成品果醋。

果酒果醋加工实例

1. 白葡萄酒加工示例

（1）工艺流程

果品原料准备→挑选→清洗→破碎、分离（除去果渣）→澄清、

过滤→果汁调整→发酵→换桶→陈酿→澄清→成分调整→过滤→杀菌→包装→成品

（2）操作要点

● **选料** 适宜做原料的品种有龙眼、白雅、白羽、白玫瑰香等。

● **采收** 白葡萄比较容易被氧化，采收时必需尽量小心保持果粒完整，以免影响品质。

● **破皮** 采收后的葡萄必须尽快进行榨汁，白葡萄通常会先进行破皮程序，有时也会去梗。

● **发酵前低温浸皮** 葡萄皮中富含香味物质，传统的白葡萄酒酿制为直接榨汁，尽量避免释放出皮中的物质，大部分存在于皮中的香味分子也因而无法融入酒中。近来发现发酵前进行短暂的浸皮过程可增进葡萄品种原有的新鲜果香，同时还可使白葡萄酒的口感更加浓郁、圆润。但为了避免溶出太多单宁等多酚类物质，浸皮的过程必须在发酵前低温下短暂进行，同时破皮的程度也要适中。

● **榨汁** 为了不会将葡萄皮、梗和籽中的单宁和油脂被榨出，压榨时压力必需均衡，而且要适当翻动葡萄渣。

● **澄清** 澄清有传统沉淀法和离心分离器分离两种方法。传统沉淀法需一天左右的时间；离心分离器使用比较方便，但动力太强，常将酵母菌一并除去，因而须在澄清汁中添加人工酵母。

● **橡木桶发酵** 传统的白酒发酵在橡木桶中进行，由于其容量小、散热快，虽无先进的冷却设备，控温效果却相当好。此外，在发酵过程中橡木桶的木香、香草香等气味会溶入葡萄酒中使酒香更丰富。

一般清淡的白葡萄酒并不太适合此种方法，而且成本相当高。

● **酒槽发酵** 白葡萄酒发酵必须缓慢进行，这样可以保留葡萄原有的香味，而且可使发酵后的酒液香味更加细腻。为了让发酵缓慢进行，温度必须控制在 18 ~ 20℃。

● **橡木桶培养** 橡木桶中发酵后死亡的酵母会沉淀于桶底，定时搅拌让死酵母和酒混合，可使酒香变得更圆润。由于桶壁会渗入微量的空气，所以经过桶中培养的白酒颜色较为金黄，香味更趋成熟。

● **酒槽培养** 白葡萄酒发酵完之后还需经过乳酸发酵等程序，使酒变得更稳定。由于白葡萄酒比较脆弱，所以培养的过程必须在密封的酒槽中进行。乳酸发酵之后会减弱白酒的新鲜酒香以及酸味，一些以新鲜果香和高酸度为特性的白葡萄酒应以加二氧化硫或低温处理的方式抑制乳酸发酵。

● **装瓶前的澄清** 装瓶前，酒中有时还会含有死酵母和葡萄碎屑等杂质，必须将它们去除。常用的澄清方法有换桶法、过滤法、离心分离法和皂土过滤法等。

2. 山葡萄果醋的加工实例

(1) 工艺流程

原料准备→除去腐烂部分→洗涤→破碎→榨汁（除去果渣）→出粗果汁→接种酵母→液态酒精发酵→加醋酸菌→液态醋酸发酵→调配→过滤→灭菌→陈酿→成品

（2）操作要点

● **原料处理** 选取成熟度好的新鲜山葡萄果实，剔除病虫果、腐烂果。然后用除梗机除梗，用果蔬破碎机破碎。破碎时，注意子粒不能被压迫，汁液不能与铁、铜等金属接触。

● **成分调整** 含糖量不足 15% 的葡萄可用白砂糖补足。

● **酒精发酵** 先把葡萄酒酵母按 8% 的量接种到灭菌的装有 97 克果汁的 500 毫升三角瓶中进行活化。活化温度为 32 ~ 34℃，时间为 4 小时。活化完毕后，按果汁 5% 的量加入广口瓶中进行扩大培养 8 小时，培养温度为 30 ~ 32℃。扩大培养后按 10% 的量加入到 50 升的酒母罐中进行培养，在温度为 30 ~ 32℃的条件下培养 12 小时。将发酵好的酒母添加到发酵罐中进行发酵，接种量为 10%，温度保持在 28 ~ 30℃，经过 3 ~ 5 天后当皮渣下浮，醪汁含糖小于 4 克 / 升时酒精发酵结束。

● **醋酸发酵** 将醋酸接种于由 1% 的酵母膏、4% 的无水乙醇、0.5% 的冰醋酸组成的液体培养基中，然后盛在 500 毫升的三角瓶中。装液量为 100 毫升，培养 36 小时，温度为 30 ~ 34℃。然后按 10% 的量加入扩大液体培养基中进行扩大培养。培养基由酒精发酵好的果醪构成，在 30 ~ 35℃的温度条件下培养 36 小时。把醋酸培养液按发酵醪总体积 10% 的量加入进行醋酸发酵。发酵罐应设有假底，其上先要铺酒醪体积 5% 的稻壳和 1% 的麸皮。当酒醪加入后皮渣与留在酒醪上的稻壳和麸皮混合在一起，酒液通过假底流入盛醋桶。然后通过饮料泵由喷淋管浇下。每隔 5 小时喷淋 30 分钟，5 ~ 7 天后检查酸度不再升高时，停止喷淋。

● **调配** 调配是对产品进行检验，调节酸度，保证纯正的果醋风味。

● **过滤** 过滤时首先用不锈钢网粗滤，然后用硅胶土过滤器过滤。

● **杀菌** 将果醋加热到 75 ~ 80℃，保持 15 分钟。

专家建议

◆ 果酒、果醋生产的关键工艺在于发酵，因此生产过程中需要保证酵母菌及醋酸菌的发酵质量。

◆ 控制发酵过程中的温度及空气对产品品质具有重要作用。

话题 7 果品的综合利用

导读 我国是水果生产大国，采摘后的水果经鲜食或加工后，剩下的副产品通常被弃置，造成很大的资源浪费。学会如何变废为宝，对提高果品加工效率、实现果品资源综合利用具有非常重要的意义。本话题中主要介绍一些果品的综合利用情况。

果品的综合利用

果品的综合利用指根据果品不同部分所含成分及特点，对其进行全方位的高效利用，使原料各部分所含有的有用成分都能被充分合理地利用。通过综合利用，可以变无用为有用、变小用为大用、变一用为多用，实现农产品原料的梯度加工增值和可持续发展，提高经济效益和生态效益。

果品加工副产品中的“宝”

● **果渣** 果渣是果品加工后产生的废渣，其主要成分为水分、果胶、蛋白质、脂肪、粗纤维等。利用果渣可以生产酒精、香料、膳食纤维、低聚糖、果渣纸、果酱以及饲料、食用菌、柠檬酸等。

● **果皮** 果皮同样是果品加工后的副产物，常见的有柑橘皮、橙子皮、柚子皮等。柑橘皮中除了水分、纤维素、木质素外，还含有丰富的香精油、色素、果胶、橙皮苷等，可以提取橘皮油、橘皮色素、果胶、橙皮苷、抗氧化剂，制取橘皮粉、天然饮料混浊剂、天然防霉剂、柠檬酸、活性炭等，是一种可以更新的生物资源。如果将这一资源加以综合利用，就会变废为宝，大大提高柑橘产业的经济效益。

果渣可是生产酒精的好原料！

果品的综合利用加工实例

1. 从苹果皮渣中提取果胶

（1）工艺流程

果胶溶于热水、酸、碱等溶剂，不溶于乙醇和某些盐类溶液。因此，果胶的提取分离方法一般有：盐析法、乙醇沉淀法、离子交换法、酶解法等。果胶的主要生产工艺分为预处理、提取、浓缩、分离、纯化、干燥六个步骤。

（2）操作要点

● **预处理** 一般的预处理是将新鲜苹果皮、果渣用 90 ~ 95℃的水煮 10 ~ 30 分钟，再用 30℃的温水反复漂洗，70℃烘干，粉碎到一定目数待用。经过预处理，可以将果渣中的果胶酶、小分子糖和色素清洗干净。

● **提取** 苹果果胶的提取方法有多种，传统的提取方法有酸提取法、酶提取法，新型的提取技术有微波辅助提取、超声波辅助提取、高压脉冲电场提取法等。其中，酸提法是最常用的方法。酸提取法的提取原理是利用稀酸将果皮细胞中的非水溶性原果胶转化成水溶性果胶，然后在沉淀剂的作用下将果胶沉淀析出。研究发现，用盐酸作为水解液，pH 值控制在 2.0 ~ 2.5 的范围内，苹果果胶的获得率较高。酶提取法是利用多糖降解酶（如纤维素酶、半纤维素酶、果胶酶）的特性降解植物细胞壁，使其将果胶释放，从而提高获得率的提取方法。

● **浓缩**　提取的果胶需经过脱色、压滤和浓缩处理。脱色通常采用 1% ~ 2% 的活性炭，在 60 ~ 80℃下保温 20 ~ 30 分钟，再进行压滤，以除去杂质。压滤时可加入 4% ~ 6% 的硅藻土作助滤剂。浓缩时常采用真空浓缩，温度控制为 45 ~ 50℃，浓缩至果胶含量的 3% ~ 4% 以上，通常为 6%。

● **分离**　提取出的果胶需要进一步析出。通常析出果胶的方法有盐析法、乙醇沉淀法、渗析法等。盐析法沉淀果胶的原理是：在提取液中加入无机盐至一定浓度或达到饱和状态，使果胶在水中的溶解度降低，从而与水溶性的杂质分离。硫酸铝、硫酸铵、氯化铜、氯化镁等是常用的盐析剂。乙醇沉淀法的基本原理是：利用果胶不溶于较高浓度的乙醇（或异丙醇等醇类溶剂）的特点，将大量乙醇加入果胶的水溶液，将果胶沉淀出来。影响乙醇沉淀法分离效率的因素有乙醇的浓度和用量、沉淀时间、洗涤次数等。

● **干燥、包装**　经浓缩的果胶溶液可直接进行喷雾干燥，然后通过 60 目筛筛分后进行包装。为了提高纯度，可经过沉淀洗涤分离果胶。沉淀后将湿果胶在 60℃左右进行干燥。最好采用真空干燥。干燥后，用球磨机对果胶进行粉碎，过 60 目筛筛分后立即包装。

2. 从葡萄皮渣中提取葡萄红色素

葡萄红色素是天然食用色素的一种，呈紫红色或宝石红色，国内外均已投入生产和应用。

（1）工艺流程

从葡萄皮渣中提取葡萄红色素的工艺流程为：葡萄皮渣→破碎→加热萃取→加护色剂→速冷→粗滤→调整 pH 值→过滤→减压浓缩→成品。

（2）操作要点

● **皮渣处理** 用破碎机将皮渣打碎，按皮渣重量加 1.1 ~ 1.5 倍水，搅拌均匀。

● **加热萃取** 将破碎后的皮渣液入锅加热至 75 ~ 80℃，保温萃取 10 分钟后，加入 1 200 ~ 2 000 毫克 / 毫升的二氧化硫作护色剂，继续保温 30 分钟，使花色苷类物质充分溶出。

● **调整 pH 值** 将提取液迅速冷却后，粗滤除去渣滓，调节 pH 值为 2.5 ~ 4.0，以保持红色。然后加入乙醇搅拌，使蛋白质、果胶等沉淀。

● **过滤** 用离心分离机除去沉淀物。

● **减压浓缩** 将分离后的清液倒入真空浓缩锅中，温度控制在 50 ~ 55℃，真空度在 0.906 ~ 0.959 兆帕下浓缩，除去水分，制得膏状红色素成品，同时回收酒精。

3. 从番茄皮渣中提取番茄红素

（1）工艺流程

番茄红素是番茄中所含的一种类胡萝卜素，具有多种生理功能，能够有效预防多种疾病，产品附加值高，是近年来国际上的研究热点。番茄中富含番茄红素，是提取番茄红素的良好来源。目前，生产番茄红素的方法主要有直接粉碎法、有机溶剂提取法、酶法提取、微波提取法、超声波提取法、超临界萃取法、微生物发酵法、化学合成法等。以下就酶法提取进行介绍，具体工艺分为番茄→破碎→搅拌→过滤→抽提液调整 pH 值→沉淀→调整 pH 值→真空浓缩→成品。

（2）操作要点

● **番茄处理** 番茄打浆粉碎或番茄加工副产物，加碱调整 pH 值 =7.5 ~ 9.0；45 ~ 60 ℃加热搅拌 5 小时左右。

● **过滤** 除去表皮、种子和纤维等残渣，得提取液。

● **调整 pH 值** 加酸调整提取液至弱酸性（pH 值 =4.0 ~ 4.5），类胡萝卜素凝聚沉淀，静置，虹吸除去上部混浊液，得含类胡萝卜素的沉淀物。

● **真空浓缩** 沉淀调整 pH 值后真空浓缩，然后加酸和食盐保存，即得到产品。如图 3—39 所示。

图 3—39 番茄红素

专家建议

- 对果品的综合利用要根据果品原料的特性进行。
- 果品加工的综合利用在实际生产中需要考虑成本问题。

第四讲 果品配送

话题 1 果品配送经营模式

导读 新鲜果品是易腐性农产品，市场流通应及时、畅通、做到货畅其流，周转迅捷，只有这样才能保持其良好的商品品质，减少腐烂损耗。为此，产、供、销三方应协调配合，尽量实现产销直接挂钩，减少流通环节，提高运输中转效率。大中城市和工矿区应逐步建立批发市场，加强生产者、零售网点与消费者之间的联系，使新鲜果品及时销售到千家万户。

自营配送

农户或农产品基地自营配送，是指农户或农产品基地自己将农产品送到批发市场或用户手中，是传统农产品配送的主要形式之一。

1. 自营配送的优势

● **反应快速、灵活** 与其他模式相比，自营配送的整个物流体系属于农户或者是农产品基地内部的一个组成部分，能够更好地满足农户或农产品基地在物流业务上的时间、空间要求，保持鲜活易腐农产品的新鲜度，更快速、灵活地满足消费者的要求。

● **配送效率高** 在自营配送的情况下，农户或农产品基地可以很好地控制农产品的配送活动，不必就货物配送的佣金问题与经销商进行谈判，提高了配送服务效率。

2. 自营配送的不足

● **一次性投资大** 对于资金有限的农户或农产品基地来说，配送系统的建设投资是一个很重的负担。

● **成本较高** 单个农户或农产品基地的物流量一般较小，农户或农产品基地配送系统的规模也较小，这就导致了配送成本与费用较高。

● **抗风险能力低** 单个农户或农产品基地由于自身实力有限，对市场变化的感知及掌控能力较低，对突发事件的承受能力较低，对风险的抵抗能力较弱。

农户加企业的配送模式

1. “公司＋农户”的配送形式

20 世纪 90 年代中期以来，“公司＋农户”的配送模式开始在

这种营销方式既有长处也有不足……
自产自销

我国的水果市场上占据重要地位。“公司＋农户”配送有三种形式：

● **农户＋运销企业**　农户或农产品基地将自己的农产品运往运销大户，由运销大户对批发商进行配货。在这种配送方式下，运销大户与批发商建立稳定的购销业务关系。

● **农户＋加工企业**　农户或农产品基地将自己的农产品运往加工企业，通过加工后由加工企业进行配送，或农产品加工企业将自己或别的基地的初级农产品和从农户手中收购来的农产品经过加工后进行配送。

● **农户＋客商**　这一物流配送方式也较为普遍，如大型连锁超市、农贸市场的批发商等在农产品收获时直接到农户田间或农产品基地进行收购。

2. “公司＋农户”模式的优势

● 对加工企业、大型连锁超市和农贸市场的批发商来说，这种配送模式克服了原料来源不稳定的问题，使公司拥有一部分稳定的原料来源，提高了资源控制能力和生产稳定性，改善了成本结构，降低了经营风险。对农户来说，农户销售产品找到了相对稳定的渠道，可以集中精力进行农产品的种植。

● 由于消费者对农产品品质的要求日益提高，必须加强对农产品的优选、仓储、深加工，分散的农户不具备这个能力，而“公司＋农户”则可以通过农户与公司的联营达到相应要求，显著提高农产品的附加值。

3. “公司＋农户”模式的缺陷

● 在这种模式中，龙头企业间的竞争关系会影响到农户及整个产业。一方面，龙头企业在成品销售环节上竞相压价，可能导致整个农业产业化经营的效益降低；另一方面，公司在原材料收购环节上竞相抬价抢购或恶意压价都可能造成市场信息歪曲，使得农户对生产的调节受到错误的引导，出现结构性生产过剩或不足。

● 企业直接面对分散的农户，在上游配送环节市场交易费用仍然很高，配送成本居高不下。

● 由于公司与农户是不同的利益主体，而且农户又以分散的、无机相加的方式与公司对接，使得农户与企业处于不对等的谈判地位，根本没有力量与公司抗衡，农户承担的市场风险仍然很大。

● 农户虽是生产单位，但不具备法人资格，契约观念淡薄，信誉低下，从而造成原材料供应不稳，企业的损失增加。

传统的供销社配送模式

供销社是以农户为主体，按照合作的原则集资入股、自愿联合起来形成的合作企业，是我国农产品配送的主要模式之一。

1. 供销社配送模式的优势

● 供销社是农民自己的合作商业，有广泛的群众基础。同时，由于供销社制度在我国实施时间较长、国家扶持较多，有较雄厚的资金和完备的经营服务设施，在市场上拥有较大的配送规模优势和较强的风险承担能力。

● 供销社的经营网点遍布乡村和集镇，而且是以自下而上的联合形成全国性的系统网络。因此，在配送中的流通优势，是其他配送模式不可比拟的。

● 供销社在长期为农服务中建立了较好的信誉。

2. 供销社配送模式的不足

● 传统的供销社配送模式中，发挥本系统联合优势制胜的观念比较薄弱，现代交易形式的运用水平较低，信息化程度低，在市场上竞争力不强。

● 传统的供销社配送网络中，各网点分布比较分散，没有现代化的配送中心来支撑，不能聚合配送网络的作用。

● 传统的供销社配送中，在配送的功能发挥上存在效率低下、功能缺位的现象。其主要表现有：供销社配送网点布局不合理，网络优势不能充分发挥；流通加工薄弱，农产品流通附加价值增加不大；缺乏专门的农产品运输工具，运输路线的选择不科学；库存管理不科学，易加大库存成本。

● 传统的供销社大部分依靠自营配送，应用共同配送、第三方配送等现代配送模式的观念薄弱，配送模式比较落后。

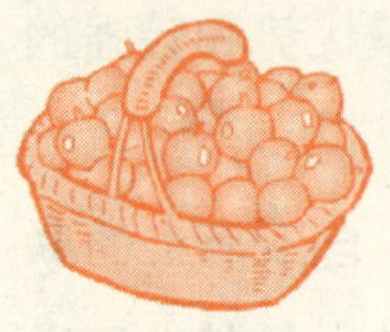

农产品的共同配送

共同配送的运行可以由多家农户、农产品基地、农业供销合作社或农产品配送中心共同组成新公司，或以现有配送中心为核心，从不同的地方分散集货，统一对多家用户进行配送，也可以仅在送货环节上将多家用户待运送的货物混载于同一辆车上，按照用户的要求分别将货物运送到各个接货地点。

1. 共同配送的优势

● 共同配送可以减少社会车流总量，改善交通运输状况；有效提升车辆的装载率，改善商业物流环境。

● 由于共同配送是多个农户、农产品基地、农业供销社、农产品配送中心共享物流的设施和设备，从而由多个农户、农产品基地、农业供销社、农产品配送中心共同分担配送费用，从而降低了成本。

2. 共同配送的劣势

● 共同配送由多个主体组成，加大了管理的难度，可能造成成员经营机密的泄露；运作主体多元化可能导致管理效率低下；成员之间的合伙关系致使管理中成本控制的执行难度加大，易造成物流设施费用及管理成本增加。

● 在共同配送中，货物种类繁多，产权主体多，服务要求不一致，可能导致服务水准下降。

第三方物流配送

第三方物流配送主要指农户、农产品基地、供销社把自己需要完成的配送业务托付给专业的配送中心来完成的一种配送运作模式。

1. 第三方物流配送的优势

● 在第三方物流配送模式中，农产品的配送渠道短，环节较少，在配送损耗、食品质量、管理成本方面相对于其他的配送模式都有很大的优势。

● 灵活运用新技术，实现以信息换库存，降低成本。专业的物流配送中心能不断更新信息技术和设备，以更快速、更具有成本优势的方式满足各方面的物流配送需求。

● 提供灵活多样的服务，为顾客创造更多的价值。配送中心专业的库存管理、科学的配送方式和流通加工可以为顾客带来更多的附加价值，使顾客满意度提高。

2. 第三方物流配送的劣势

● 导致农户与市场的脱节。如果信息在配送中心与农户的传递过程中失真，就可能导致农户的生产调整不能适应市场需求。

● 农户、农产品基地对农产品配送的控制能力降低，不能对进入市场的农产品质量进行及时、有效的监控。

● 在农忙季节不一定能保证供货的准确和及时，降低服务质量。

● 出现连带经营风险。如果第三方配送是基于合同的较长期的合作关系，第三方服务商自身经营不善就可能影响使用方的经营，但要解除合同关系又会产生很高的成本。

话题2 配送基础设施和设备

导读 农产品配送过程实现了农产品价值增值和组织目标。农产品配送一头连接生产，一头连接消费，犹如催化剂，活跃着农产品的生产和消费，涉及整个国民经济的运行效率与质量，涉及农业现代化的步伐以及农民的根本利益。在农产品消费日益丰富的今天，农产品配送将扮演着越来越重要的角色，而其中影响农产品品质最关键的部分则是配送基础设施和设备。

物流基础设施

● **冷链运输专用物流设施与装备** 农产品多为鲜活易腐货物，货运量较大，对运输设备的要求高，需要大量的专用运输工具。

● **仓储设施** 仓储设施包括低温库、冷藏库、立体库等。

● **现代装卸搬运机械** 现代装卸搬运机械有叉车、托盘、货梯、升降平台、巷道堆垛起重机等。

农产品综合运输网络

● **铁路运输** 铁路运输的特点是运输量大、运价低、受季节性变化的影响小、运输速度快、连续性强。运输成本略高于水路运输，为汽车平均运输成本的 1/20 ~ 1/15，最适于大宗货物的中长距离运输。目前，铁路运输中一般采用普通棚车、机械保温车、加冰冷藏车进行运输。我国的机械保温车数量仍相当有限，远不能满足果品运输的要求，从而限制了果品铁路运输的发展。

● **水路运输** 以冷藏船为代表的水路运输是果品出口的重要运输渠道，其特点是运输成本低、耗能少、运输过程平稳，产品所受机械损伤较轻。但因受自然条件的限制，水路运输连续性差，速度慢，联运货物的中转换装等既延缓了货物的送达速度，也增加了货损。近年来，冷藏集装箱的发展使果品的水路运输得到了进一步的发展。

● **公路运输** 公路运输是目前最重要的运输方式。虽然成本高、载运量小、耗能大、劳动生产率低，但是公路运输具有投资少、灵活方便、货物送达速度快等特点，特别适用于短途运输，可减少转运次数，缩短运输时间。在发达国家，由于高速公路网遍及各地，汽车性能好，组织服务规范，公路运输在果品运输中占有相当重要的地位。而我国由于道路条件不够良好、运输车辆的性能差、冷藏运输车少等原因，果品在公路运输中损伤较大，损失较重，运输时间也不能充分保证。

● **航空运输** 航空运输速度快，平均送达速度比铁路快6～7倍，比水运快29倍，但运输成本高、运量小、耗能大，目前只能用于一些特需或经济价值很高的果品运输。

话题3 生鲜果品配送

导读 我国生鲜果品配送仍存在许多问题，这是影响生鲜果品附加值的主要因素。苹果、桃是我国老百姓较常吃的果品，提高它们在配送过程中的品质有重大现实意义。

生鲜果品配送中存在的主要问题

● 果品配送基础设施不完善，相关技术和设备落后。

● 果品配送信息系统不健全，果品的流量、流向、市场需求、供给状况及相关商流信息传播渠道不通畅，传播不及时。

解决方案

● **加强管理** 政府应加大对果品配送基础设施的投入，加强对果品配送的宏观管理，制定和完善相应的政策法规；各部门和各级政府相互协调，相互配合。

● **构建完备的果品配送信息系统** 主要是做好两方面工作：一是政府加速建立完善的公共信息平台，通过电视、广播和互联网等媒体及时、准确地发布果品供求信息，提高果品相关企业利用信息的能力和效率。二是鼓励和支持果品物流信息技术的研究和开发。

● **加快果品物流标准化进程** 在生产、加工、运输和销售等环节推行和国际接轨的物流设施、物流工具标准，以实现物流活动的标准化、合理化，适应国内和国际市场的竞争需要，提高我国果品的核心竞争力。

生鲜果品配送实例

1. 苹果

苹果运输时的温度、装卸及运行管理是运输中应着重注意的问题。

(1)苹果运输过程中温度控制的注意事项

● 冷库和气调库储藏的苹果出库上市时，如果库内外温差较大(相差10℃左右)，应在出库之前停止制冷，让库温缓慢回升至接近外界气温后再出库上市。当然，这种措施只适用于整个储藏室储存货品一次性出库上市的情况。

● 如果是分批出库，应将需出库的苹果搬到阴凉的场所，待果温回升后再装车运输。

● 如要将苹果从冷库中搬出后直接装普通运输车，车顶应用棉被或草帘覆盖严实，最上层用篷布遮盖。如此在运输过程中果实会逐渐升温，到达销售地后果温与气温的差距就可缩小。

● 冷藏苹果在3月份以后上市，尤其是运往温暖地区的，最好用冷藏车运输，车内温度控制在3～5℃，不高于10℃。

● 外贸出口的苹果应采用冷链运输，而且各转接环节的运输温度应基本一致。

总之，低温运输是冷藏苹果安全到达销售地并具有较长货架寿命的重要保证。

（2）苹果运输过程中的装卸注意事项

● 苹果装车、装船或装飞机运输时，如果是未经冷却的果实，包装箱必须合理堆码，留有足够的空隙，以便通风散热。

● 如果是冷藏果品或者事前已经预冷的果实，堆码时包装箱之间的距离可以小些，运输时间短时也可不留间距，以增加装载量。

● 轻装、轻卸以减少损伤，这是装卸全过程都要求做到的。

专家建议

苹果在运输中应做到快装快运、平稳缓行、防热防冻，使货物快速、安全地到达销售地。货物到达销售地之前，应事先做好批发或中转等衔接工作，不能让货物在车站、码头或批发市场长时间滞留。

2. 桃

● 进行储运的果实，必须选择适宜的采收成熟度，一般八九成熟即可。

● 桃的长途运输最好采用冷藏车，温度以 5 ~ 12℃为宜。常温运输时间应控制在 7 ~ 10 天，不宜过长，并应进行适当的防腐保护。

● 桃在储运中应加适当的塑料保鲜包装，一方面可保持高湿，避免失水干缩；另一方面可维持一定的低氧和高二氧化碳浓度，延迟果实衰老，减少果实腐烂。

小知识

◆ 七成熟：绿色大部分褪去，白肉品种底色呈绿白色，黄肉品种呈黄绿色。果面已平展，局部稍有坑洼。

◆ 八成熟：绿色基本褪去，白肉品种底色呈绿白色，黄肉品种呈黄绿色。果面已平展，无坑洼，毛茸稍稀。果实仍比较硬，稍有弹性。

◆ 九成熟：绿色全部褪去，白肉品种底色呈乳白色，桃尖变软。

◆ 十成熟：白肉品种果实底色呈乳白色，黄肉品种呈金黄色。果肉柔软，毛茸易脱落。芳香味浓郁，已到最佳食用期。